全国渔业船员培训统编教材

农业部渔业渔政管理局 组编

船艺与操纵

（海洋渔业船舶一级、二级驾驶人员适用）

陈庆义 主编

中国农业出版社

图书在版编目（CIP）数据

船艺与操纵：海洋渔业船舶一级、二级驾驶人员适
用 / 陈庆义主编 . —北京：中国农业出版社，2017.3（2024.5 重印）
全国渔业船员培训统编教材
ISBN 978 - 7 - 109 - 22602 - 9

Ⅰ.①船… Ⅱ.①陈… Ⅲ.①船艺-技术培训-教材
②船舶操纵-技术培训-教材 Ⅳ.①U675.5 ②U675.9

中国版本图书馆 CIP 数据核字（2017）第 008171 号

中国农业出版社出版
（北京市朝阳区麦子店街 18 号楼）
（邮政编码 100125）
策划编辑 郑 珂 黄向阳
责任编辑 张艳晶

三河市国英印务有限公司印刷 新华书店北京发行所发行
2017 年 3 月第 1 版 2024 年 5 月河北第 2 次印刷

开本：700mm×1000mm 1/16 印张：14
字数：218 千字
定价：50.00 元
（凡本版图书出现印刷、装订错误，请向出版社发行部调换）

全国渔业船员培训统编教材
编审委员会

全国渔业船员培训统编教材
编辑委员会

船艺与操纵

（海洋渔业船舶一级、二级驾驶人员适用）

编写委员会

主　编　　陈庆义

副主编　　王　严　　任玉清

编　者　　陈庆义　　王　严　　任玉清

　　　　　林永满　　李万国　　许志远

丛书序

安全生产事关人民福祉，事关经济社会发展大局。近年来，我国渔业经济持续较快发展，渔业安全形势总体稳定，为保障国家粮食安全、促进农渔民增收和经济社会发展作出了重要贡献。"十三五"是我国全面建成小康社会的关键时期，也是渔业实现转型升级的重要时期，随着渔业供给侧结构性改革的深入推进，对渔业生产安全工作提出新的要求。

高素质的渔业船员队伍是实现渔业安全生产和渔业经济持续健康发展的重要基础。但当前我国渔民安全生产意识薄弱、技能不足等一些影响和制约渔业安全生产的问题仍然突出，涉外渔业突发事件时有发生，渔业安全生产形势依然严峻。为加强渔业船员管理，维护渔业船员合法权益，保障渔民生命财产安全，推动《中华人民共和国渔业船员管理办法》实施，农业部渔业渔政管理局调集相关省渔港监督管理部门、涉渔高等院校、渔业船员培训机构等各方力量，组织编写了这套"全国渔业船员培训统编教材"系列丛书。

这套教材以农业部渔业船员考试大纲最新要求为基础，同时兼顾渔业船员实际情况，突出需求导向和问题导向，适当调整编写内容，可满足不同文化层次、不同职务船员的差异化需求。围绕理论考试和实操评估分别编制纸质教材和音像教材，注重实操，突出实效。教材图文并茂，直观易懂，辅以小贴士、读一读等延伸阅读，真正做到了让渔民"看得懂、记得住、用得上"。在考试大纲之外增加一册《渔业船舶水上安全事故案例选编》，以真实事故调查报告为基础进行编写，加以评论分析，以进行警示教育，增强学习者的安全意识、守法意识。

相信这套系列丛书的出版将为提高渔民科学文化素质、安全意识和技能以及渔业安全生产水平，起到积极的促进作用。

谨此，对系列丛书的顺利出版表示衷心的祝贺！

农业部副部长

2017 年 1 月

前　言

　　为了提高渔业船员的基本素质，保障渔业生产作业安全，帮助、指导渔业船员进行适任考前培训，以进一步提高渔业船员适任水平，农业部于 2014 年 5 月颁布了《中华人民共和国渔业船员管理办法》。在农业部的领导下，辽宁渔港监督局组织了有丰富教学、培训经验和渔业船舶实际工作经验的专家，根据《农业部办公厅关于印发渔业船员考试大纲的通知》（农办渔〔2014〕54 号）中关于渔业船员理论考试和实操评估的要求，编写了《船艺与操纵》一书。

　　本书紧扣农业部最新渔业船员考试大纲中对渔船船艺与操纵所要求的知识点，结合渔业船员整体的实际情况，以岗位的需求为出发点，围绕渔业船员的培训，在内容上具有较强的针对性和适用性。教材注重理论联系实际，重点突出渔业船员适任培训和航海实践所需掌握的知识和技能，适用于海洋渔业船舶一级、二级驾驶人员适任考试和实操培训使用，也可供相关从业人员参考。

　　本书考虑到渔业船员的接受能力，采用深入浅出、通俗易懂的表述，较难的理论部分附有小贴士，供有条件的学员加深理解或拓展学习；同时尽量使教材图文并茂，以便学员对重要的理论加深理解和灵活运用。全书共分八章，每章均附有内容要点和思考题。相对以往同类教材，本书适当突出了在操纵和配积载方面事关渔船整体安全的保证渔船强度、稳性等方面的内容。

　　本书第一章由林永满编写，第四章由李万国编写，第二章、第三章和第七章由陈庆义编写，第五章由王严编写，第六章由任玉清编写，第八章由许志远编写。

本书的编写和出版得到了农业部、大连海洋大学、相关大型渔业企业以及中国农业出版社等单位的关心和大力支持，在此深表谢意！在统稿过程中得到了辽宁渔业船舶检验局孙继光总工程师、大连海洋大学张维英教授的帮助，在此一并致谢！

　　由于编者水平有限，不足之处和差错在所难免，恳请有关专家和读者多提宝贵意见。

编　者

2017 年 1 月

目 录

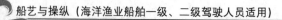

第一章　渔船基础知识

本章要点：渔船的类型、吃水和载重线标志、渔船主要尺度和吨位。

渔业船舶是指从事渔业生产以及属于渔业系统的为渔业生产服务的船舶，简称渔船。渔船是海洋渔业生产的主要工具，作为渔船使用者的渔业船员需要熟悉和掌握渔船的基础知识，以便于驾驶和操纵渔船进行安全生产。

第一节　渔船的类型

渔船的类型有很多种，通常可按下列特征进行分类。

一、按渔船的作业方式分类

按渔船的作业方式分类，可分为拖网渔船、围网渔船、流网渔船、钓渔船、捕鲸船和猎捕海兽船等。

1. 拖网渔船

拖网渔船是指利用拖曳袋形网具捕捞海洋底层、近底层或中层鱼类的渔船，又分为单拖渔船、双拖渔船。单拖渔船又可分为舷臂拖渔船和艉拖渔船。拖网捕鱼是一种效果好、适用范围广的捕鱼方法，也是我国海洋捕捞生产的主要作业方式，如图 1-1 所示。

图 1-1　拖网渔船

拖网渔船具有吨位小、干舷低、上层建筑小、稳性好、抗风能力强等特点。

随着远洋渔业的飞速发展，大型艉滑道式单拖网渔船得到了进一步发展，如图 1-2 所示。这种渔船的捕捞甲板集中在艉部，并在船艉设置了一条具有一定斜度的滑道通入海面，渔具和网具从滑道上进出，捕捞设备的配置位置和有限空间的利用都比较合理，提高了捕捞操作的安全性和方便性，减少了操作事故的发生。

图 1-2　大型艉滑道式单拖网渔船

2. 围网渔船

围网渔船是利用围网捕鱼法来捕捞海洋中、上层密集鱼群的渔船，如图 1-3 所示。围网作业是根据捕捞对象集群的特性，利用长带形网具包围鱼群，采用围捕或结合围张、围拖等方式，迫使鱼群集中于取鱼部或网囊，从而达到捕捞目的。

图 1-3　围网渔船

围网渔船分为单船围网渔船和双船围网渔船。单船围网渔船进行灯诱作业时，常由围网渔船、灯船和冷藏保鲜船组成灯诱围网船组。灯船是在围网作业中利用某些鱼类的趋光性，专门设计的一种光诱围网灯船，简称灯船，如图 1-4 所示。灯船以探测和诱集鱼群为主，也兼作拖带网船以调整网形，防止网船进入网圈。

图 1-4　灯船上的集鱼灯

　　单船围网渔船中有一种以围捕金枪鱼为主的金枪鱼围网渔船，如图 1-5 所示，其甲板布置与艉起网围网渔船相似，船上有带网小艇，有的还配有追赶鱼群的小快艇和直升机，船尾部呈斜坡形，供起放小艇使用。

图 1-5　金枪鱼围网渔船

围网渔船具有航速较高、回转灵活、船身较短、干舷较低、吃水较浅及稳性较好等特点。

3. 流网渔船

流网作业也是一种常用的捕鱼手段。它是利用一种长带形网具垂直悬浮于鱼群必经的水域中拦截鱼类，当鱼冲撞到网上时，鱼的鳃盖以及鳍等被网所缠绕而困住，从而达到捕获的目的。因其网放下后船和网随流浮动，定时巡航起网取鱼，所以称为流网渔船。

流网渔船的特点是船舶尺度较小、干舷低、上层建筑和水上受风面积小、操作甲板在船首，可避免绳网缠入推进器。

4. 钓渔船

钓渔船主要包括延绳钓渔船、鱿鱼钓渔船和曳绳钓渔船。

（1）延绳钓渔船　如图1-6所示，是从船上放出一根干线于海中，有一定数量带有钓钩的支线和浮子以一定间距系在干线上，借助浮子的浮力使支线悬浮在一定深度的水中，用鱼饵（或拟饵）诱引鱼上钩，从而达到捕捞的目的。

延绳钓渔船特点是操纵性能好，主机有良好的低速运转性能，船体受风面积小，干舷和舷墙低。

图1-6　延绳钓渔船

（2）鱿鱼钓渔船　指运用钓具捕捞作业方式捕获鱿鱼的专用渔船，如图1-7所示。它是利用鱿鱼的趋光性，在船上装配诱鱼灯，并将附有塑料发光体的鱼钩放进海里，鱿鱼缠住鱼钩无法脱身。深海钓鱿鱼，用灯光而不用鱼饵，颇有"姜太公钓鱼"的意味。

（3）曳绳钓渔船　作业多在近海较深水域，使用渔船拖曳装有钓钩、钓线的作业方式，主要钓捕游速较快的大、中型鱼类。

图 1-7　鱿鱼钓渔船

5. 捕鲸船和猎捕海兽渔船

一般是为海洋生态研究和环境保护等专门设计的供捕捞鲸鱼和其他海兽的渔船。

另外，还有一类为渔业生产、科研、监督等服务的辅助性船舶，称为渔业辅助船。主要包括渔政船、冷藏加工船、水产运销船、补给船和渔业指导船等。

二、按渔船的建造材料分类

按渔船的建造材料分类，可分为木质渔船、钢质渔船、玻璃钢渔船、水泥渔船和铝合金渔船等。

1. 木质渔船

木质渔船船体主要由木材制成，仅在连接处采用金属。木材质轻价廉，具有自然浮力，加工建造方便。但机械性能和耐火性差，使用年限短，不易保持水密，因此仅适用于建造小型渔船。目前我国近海风帆船和机帆渔船多采用木质结构。

2. 钢质渔船

钢质渔船是以各种类型钢及钢板为原料建造的，现代渔船大都属于此类。与同尺度的木船相比，钢质船体较轻，有效载重量较大，建造、修理容易，船体强度和吨位较大，结构坚固，使用年限长。可以设计成流线形船体，使航行性能更好。

3. 玻璃钢渔船

玻璃钢渔船的建造材料为玻璃钢，它具有传统造船材料所无法比拟的综合性能，主要表现为强度高、质量轻、耐腐蚀、抗老化、耐火性和韧性好、建造容易、维修保养方便等特点。目前发达国家和地区的近海中、小型渔船已经实现了玻璃钢化。

4. 水泥渔船

水泥渔船是用钢结构或钢筋混凝土做骨架，用钢丝网、水泥砂浆或混凝土做船壳的一种船舶。目前，水泥船只少量用于小型机帆渔船或内河小型运输船。

5. 铝合金渔船

铝合金渔船是用铝或铝合金建造的船，它具有船体重量轻、吃水浅、载重量大、航速快、机动灵活、节能环保、抗腐蚀、易维修等特点。

三、按渔船的动力分类

按渔船的动力分类，可分为机动渔船、非机动渔船和机帆渔船。

1. 机动渔船

依靠机器推动的渔船。目前，我国机动渔船大多数使用内燃机。

2. 非机动渔船

依靠人力、风力作为动力航行的渔船，我国群众渔业中仍有这种渔船。

3. 机帆渔船

船内装有机器并备有风帆，视其需要可单独使用机器或使用帆，亦或两者同时兼用的渔船。

四、按航行的区域分类

1. 国际航行作业渔船（远洋渔船）

是指离开本国领海范围到公海或较远海域进行生产的渔船。此类渔船可航行到世界任何海域进行捕捞生产，如果当地气候条件允许，还可以不受季节限制。

2. 非国际航行作业渔船

是指未离开本国领海范围生产作业的渔船。可进一步细分为近海渔船和沿岸渔船，近海渔船的作业海区一般水深不超过 200m，作业半径在 200n mile 左右，渔场离本国基地较近。沿岸渔船的作业半径在 100n mile 以内，多为柱间长在 20m 左右的小型渔船。

3. 内河渔船

是指作业区域在领海基线以内的江河、湖泊和内陆水域的渔船。内河渔船吨位较小，以养殖和简单的捕捞为主。

作为渔船船员培训发证的等级划分，确定渔船消防设备、救生设备、航行设备及无线电通信设备等要求的依据，还可以对渔船进行总吨位或船长的分类。

第二节　渔船主要尺度与吨位

一、渔船主要尺度

渔船主要尺度包括长度、宽度、高度（深度）等几方面的尺度。按不同的用途和目的分为最大尺度、登记尺度和船型尺度 3 种，均以 m 为单位，如图 1-8 所示。

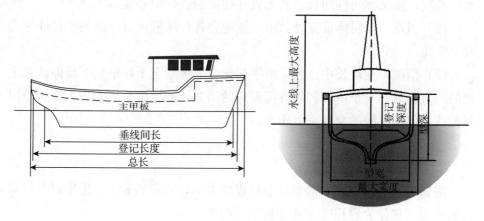

图 1-8　船舶主要尺度

1. 最大尺度

最大尺度又称全部尺度。它是操纵船舶时（如靠码头、进船坞、通过船闸等）考虑本船周围有无足够活动余地的重要依据之一。

（1）总长　自船首最前端至船尾最后端的水平长度（包括船体结构的突出部分）。

（2）全宽　船舶最大宽度处，两舷外板外表面之间的水平距离。

（3）最大高度　平板龙骨下缘到船舶最高点（一般为桅顶）的垂直距离。最大高度减去船舶吃水为水面上最大高度。

2. 登记尺度

这种尺度主要用于船舶登记、丈量与计算船舶吨位。

（1）登记长度　是指在主甲板（干舷甲板）的上表面，从艏柱前缘量到艉柱后缘的水平长度。无艉柱时，量到舵杆中心线。

（2）登记宽度　是指在船舶最大宽度处，两舷外板外表面之间的水平距离。

（3）登记深度　是指在船长中点处，从平板龙骨上表面量至上甲板下表面的垂直距离。有双层底时，则量到内底板上表面；如有木铺板，则量到木铺板上表面。

3. 船型尺度

船舶设计时，用来计算船舶稳性、干舷高度、吃水差、水阻力等的尺度。

（1）型长（即垂线间长）　沿夏季满载水线从艏柱前缘量至艉柱后缘的水平长度，故又称两柱间长。若无艉柱则量至舵杆中心线。

（2）型宽　在船体最宽处，由一舷的肋骨外缘量至另一舷的肋骨外缘的水平距离。

（3）型深　在船长中点处，由平板龙骨上缘量至干舷甲板下缘即横梁上缘的垂直距离。对于甲板转角有圆弧形的船舶，则应由平板龙骨上缘量至甲板型线与船舷型线的交点垂直距离。

二、渔船吨位

渔船吨位可用来表示渔船建造规模的大小，测定渔船工作定额以及核算运输能力。它分为容积吨位和重量吨位两种。

1. 容积吨位

以容积为单位来度量渔船大小的吨位，叫做容积吨位。该吨位的丈量是以每 $2.83 m^3$ 或 100 立方英尺为 1 吨位，它又分为总吨位和净吨位两种。

（1）总吨位（GT）　船舱内及甲板上所有围蔽处所的容积（或体积）的总和折合成的容积吨数称为总吨位。总吨位用于船舶注册和统计、计算净吨位、海事赔偿等。

（2）净吨位（NT）　从总吨位中减除非直接装载货物的处所后所剩余的吨位，也就是船舶可以用来装载货物的容积折合成的容积吨数即为净吨位。净吨位用来对港口报关纳税、停泊、过运河、引航、拖带等费用的计算。

对于围蔽处所和计算净吨位时免除的围蔽处所，在《渔业船舶法定检验规则》中有详细说明。

2. 重量吨位

是指渔船在水中所能负荷的重量，包括船舶本身重量和装载的重量。该吨位的公制计量是以 1 000kg 为 1t，英制计量以 2 240 磅为 1 长吨，2 000 磅为 1 短吨。目前，国际上多采用公制为计量单位。我国采用公制计量，它又分为排水量和载重量两种，以吨（t）数表示。

（1）排水量　是指船舶在水中所排开水的重量。排水量因船舶装载情况不同而不同，分为空船排水量、满载排水量和实际排水量。

空船排水量：是指船舶刚出厂时，没有装载货物、燃料和淡水、供应品、备品及船员和行李等，仅包括船体、舾装、船上的机器设备时的排水量。

满载排水量：是指按规定的安全干舷装满货物、燃料和淡水、供应品、备品及船员和行李等时的排水量。

实际排水量：是指在某任一装载状态下的排水量，也叫装载排水量。

排水量主要用于计算船舶的载重量。

（2）载重量　船舶实际装载货物及航次储备的重量称为载重量，又分为总载重量和净载重量。

总载重量：是指船舶在满载吃水情况下所能装载的货物、燃料、淡水、供应品、备品及船员和行李的总重量。其值等于满载排水量减去空载排水量。

净载重量：是指船舶具体航次所能装载货物的最大重量。它等于总载重量减去航次储备量（包括燃料、淡水、供应品、备品及船员和行李等）。净载重量能表明船舶装载货物的能力，其值是一个变量。

载重量的用途主要包括造船价格的估计基准、租船契约中租金的计算基准、表明船舶货运能力和国家船舶运输能力。

第三节　渔船吃水、干舷与载重线

一、吃水

船舶吃水是指船舶浸在水里的深度。勘划在船首、船尾垂线处和船中处两侧船壳上，用来标定船舶吃水大小的标志称为吃水标志，又称六面水尺。

这里的船首、船尾垂线是指度量型长时的垂线。吃水的度量是自船舶龙骨下缘至船体与水面相连处的垂直距离，如图1-9所示。

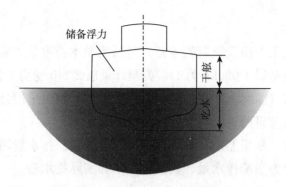

图1-9　船舶吃水及干舷

船舶吃水标志有公制和英制两种，我国渔船采用公制（米制）吃水标志。

公制吃水标志中的字高为10cm，字体粗细为2cm，间隔10cm，其数字排列顺序为偶数（即0、2、4、6…）排列，如图1-10所示。

英制吃水标志的字高6in，字体粗细1in，间隔6in，其数字为顺序排列（即0、1、2、3…）。

渔船靠离码头，通过浅水航道或锚泊时都需要尽量精确掌握当时的吃水。观测船舶吃水时，应以数字下缘为准，根据实际水线在吃水标志数字中的位置，按比例读取。如果有波浪起伏时，应取其最高值和最低值的平均值；如果有横、纵倾或拱、垂变形时，应取六面吃水的平均值并进行相应修正。

图1-10　公制吃水标志

二、干舷与载重线

干舷是指在船中处从满载吃水线到主甲板上缘的垂直距离，如图1-9所示。

船舶最低干舷是保证船舶安全浮于水面的最低限度，最低干舷是按国家负责船舶检验的机关颁布的有关规定勘定的，也称为安全干舷。渔船的干舷应按我国《渔业船舶法定检验规则》的要求确定。

　　载重线即满载吃水线，载重线标志是指为标明船舶载重线位置，用以检查装载状态，使干舷不小于核定的最小干舷，按载重线公约或规范勘绘在船中处左、右两舷的外壳板上，用来限制船舶最大吃水的标志。载重线规定了船舶在不同季节期、不同海区以及海水和淡水中航行时装载重量的最大值。

　　根据国际载重线公约及我国《海船载重线规范》，各类型的国际航行和国内航行船舶的载重线标志是不同的。另外，我国不同的船舶检验机构，如船级社（CCS）、船舶检验局（ZC）、渔船检验局（ZY），对所负责检验的船舶的载重线也要求有不同的标识。

　　目前，中华人民共和国渔业船舶检验局是负责渔船的检验机构，按其颁布的法定检验规则，国际航行作业的渔船载重线标志如图 1-11 所示，非国际航行作业的渔船载重线标志如图 1-12 所示。

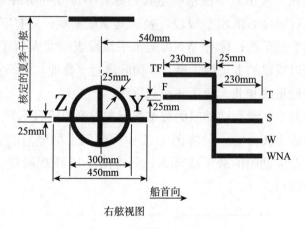

图 1-11　国际航行作业的渔船载重线标志

　　渔船载重线标志包括：甲板线、载重线圈和载重线。

　　甲板线，又称干舷甲板线，是一条表示干舷甲板位置的水平线。长为 300mm，宽为 25mm，该线的上边缘应与干舷甲板的上表面相交。

　　载重线圈，习惯上称保险圈，是由一个圆圈、一条水平线和一条垂直线相交组成，位于甲板线正下方。其圆圈的中心在船舶中部，水平线上边缘通过圆圈中心，并与夏季载重线平齐。圆圈中心至甲板线上边缘的垂直距离为夏季干舷。水平线上的 ZY 为中华人民共和国渔业船舶检验局标识，ZY 字

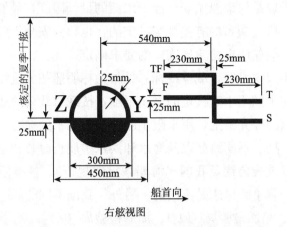

右舷视图

图 1-12　非国际航行作业的渔船载重线标志

母高 115mm，宽 75mm。

各载重线中：标有字母 TF 的水平线段，表示热带淡水载重线；标有字母 F 的水平线段，表示夏季淡水载重线；标有字母 T 的水平线段，表示热带载重线；标有字母 S 的水平线段，表示夏季载重线；标有字母 W 的水平线段，表示冬季载重线；标有 WNA 的水平线段表示北大西洋冬季载重线。各载重线都是以线段的上边缘为准。非国际航行（作业）的渔业辅助船和渔船不勘划冬季载重线和北大西洋冬季载重线。

特别说明的是，渔业辅助船的载重线标志与渔船略有不同。国际航行的渔业辅助船的载重线标志，只将图 1-11 中保险圈上的竖直线去掉即可；非国际航行的渔业辅助船的载重线标志，只将图 1-12 中保险圈上半个圆环中的竖直线去掉即可。

思考题

1. 渔船按作业方式分类都包括哪些？
2. 渔船按建造材料分类都包括哪些？
3. 如何正确读取吃水？
4. 我国渔业船舶勘绘的载重线包括哪些？
5. 渔船的主尺度有哪些？各有什么作用？
6. 船舶吨位的用途有哪些？
7. 容积吨位如何分类？

第二章　渔船结构

本章要点：作用在船体上的水压力及纵向弯曲力、船体的构成、船体主要结构类型、钢质渔船结构。

与其他任何工程结构一样，渔船必须考虑结构本身的坚固性、经济性和使用性。渔船要经常在风浪中航行和作业，在使用过程中会发现有些船舶的外板或甲板发生凹凸变形、舱壁发生弯曲、支柱被压弯、开口转角处产生裂缝等。也有因为船体发生严重变形，以致无法正常使用的情况，甚至少数船舶会出现断裂，造成严重的海损事故。因此船体结构的坚固性和水密性的要求要比一般工程结构要高。所以，作为渔船驾驶人员，对渔船的主要结构要有所了解，以便在使用渔船过程中正确操作，保证渔船强度不受损伤。

第一节　概　　述

船体为什么会发生变形和破坏呢？原因是多方面的，归纳起来，可简单分为两个方面：一方面是船体受到外力的作用，比如重力、浮力、波浪冲击力、摇荡时的惯性力、工作室的震动力以及进坞坐墩时的支撑力等，还有可能受到碰撞、触礁等产生的作用力。这些力是船体发生变形和破坏的外部原因；另一方面是船体结构本身不够牢固，船体构件的尺寸不足，结构形式、构件布置方式及连接形式不合理，或者是船舶建造质量有缺陷，材料性能不符合要求等原因而承受不了相应的外力作用。船体结构本身不够坚固，是船体发生变形和破坏的内部原因。所以为了保证船体在各种外力作用下，不至于产生较大变形和破坏，船体结构必须具有足够的坚固性，具有足够坚固性的能力称为船体强度。船体在满足强度条件下，还要使船体本身的重量尽可能减轻，以利于船舶的使用性能和降低建造成本。

分析外力对船体会产生怎样的变形或破坏作用，对于驾驶人员深入认识船体结构的布置和正确配载与操纵是很有必要的。

第二节　作用在船体上的力

船舶在建造、下水、停泊、航行及进坞修理等全部过程中，都会受到各种外力的作用。

一、重力

　　船体结构所承受的重力分为两大部分，一部分是指船体结构本身的重量、动力装置及各种舾装设备等重量，这些重量合在一起称为空船重量。另一部分为船舶装载的重物如货物、船员及行李、燃油、淡水、供应品等重量称为载重量。

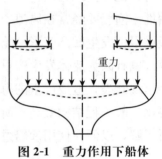

图 2-1　重力作用下船体构件的弯曲

　　其中空船重量是不变的，重量的分布与船舶的总布置有关；而载重量是变化的，它的分布由装载情况决定。在重力作用下，船体将产生整体变形和局部变形。例如，装载货物的甲板和船底板在货物或机器重力的作用下，将产生弯曲，如图2-1所示。

二、水压力

　　船舶在水中，船体要承受水压力的作用。作用在船体上的水压力可分为水平方向的水压力和垂直方向的水压力，水的压力大小与水深呈正比例关系。垂直向上的水压力形成了浮力，浮力的大小与分布取决于船体水下部分的形状。船体中部肥胖，艏艉尖瘦，所以浮力沿船长方向的分布是中部浮力大，向艏艉两端逐渐减小。在这

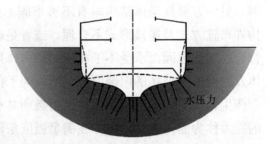

图 2-2　水压力作用下船体的横向变形

种水压力作用下，船体将产生整体的纵向变形和横向弯曲变形，如图 2-2 所示。

三、重力和浮力不平衡引起纵向弯曲力

在静水中作用于船体上的重力和浮力，就整个船舶来说是相互平衡的。但从局部来看则不一定平衡。这是因为重力和浮力的大小在船长方向上的分布规律不一致引起的。这种不一致所引起的作用于船体上的力将使船体发生纵向弯曲。设想将船体沿船长分割成若干段，则对于每一段来说，重力和浮力并不一定平衡，有些段重力大于浮力，有些段重力小于浮力，假如各段之间无连接，可以上下自由移动，那么，由于重力与浮力不相等，各段将自由地下沉或上浮，直至各段的重力与浮力相等，取得新的平衡为止。但船体是一个整体，不允许各段上下自由移动，因此就产生了整个船体沿船长方向的弯曲，这种弯曲称为船体在静水中的总纵弯曲。使船体产生的总纵弯曲的力矩称为总纵弯曲力矩，如图 2-3 所示。

图 2-3　船体在静水中的总纵弯曲

渔船实际上大部分时间是在波浪中航行的，在波浪情况下，上述重力和浮力分布规律的不一致更加严重，所以船体产生的弯矩较静水中为大。尤其在波浪的波长等于船长的情况下，船体的总纵弯曲会达到最大状态。当波峰在船中而波谷在艏艉时，整个船体产生中部向上、艏艉向下的弯曲，称为中拱，如图 2-4 所示；当波谷在船中而波峰在艏艉时，整个船体产生中部向下、艏艉向上的弯曲，称为中垂，如图 2-5 所示。

中拱时，甲板受拉力，船底受挤压；中垂时，甲板受压力，船底受拉伸。由于波浪起伏是周期性变化的，所以船体在波浪中的中拱和中垂也是交替变化的，甲板和船底的受力也是交替变化的。如果船体在静水中就有中拱和中垂，那么在波浪中中拱和中垂就会更加严重。

总纵弯曲涉及整个船体，对船体的坚固性影响最大。如果船体结构不能承受总纵弯曲所产生的作用力，船体就会破损甚至断裂，出现难以挽回的局

面。所以，总纵弯曲是分析船体结构受力，决定船体结构形式和构件尺寸的主要因素。

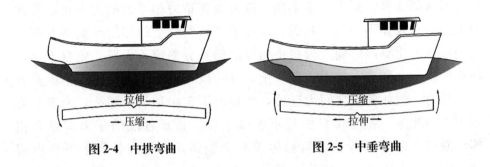

图 2-4　中拱弯曲　　　　　　　　　　图 2-5　中垂弯曲

四、其他作用力

船舶斜浪航行时受到波浪的左右不对称作用力，而引起肋骨框架和船体的扭曲，如图 2-6 所示。另外，还受到波浪的冲击力，冰区航行时的挤压力和撞击力，靠码头时与码头的碰撞力，机舱和尾部区域的机器和螺旋桨转动时的震动力，起网机、吊杆柱或救生筏架等处的局部集中力，搁浅、触礁时的作用力等。这些力都将使船体产生局部弯曲变形。

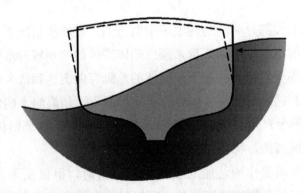

图 2-6　斜浪航行引起肋骨歪斜和船体扭曲

局部弯曲与总纵弯曲相比，虽然是属于局部性的，但在一定条件下，局部问题也可能导致全船的破损，所以也应予以高度重视。对于承受局部作用力的区域，一般采取局部加强的办法来保证结构的坚固性。

第三节 船体的构成与结构类型

一、船体的构成

船舶是浮在水上的复杂结构，通常分为主船体和上层建筑两部分。

主船体是指由上甲板（最高一层贯通艏艉的甲板）、船底、舷侧形成的水密空心结构，用水平与垂直的隔板分成许多舱室。水平隔板称为甲板，垂直隔板称为舱壁。安装在船宽方向的舱壁称为横舱壁，沿船长方向的舱壁为纵舱壁。为了加强船舶艏、艉端的结构，设有艏柱和艉柱。

在甲板以上的结构，其左右两侧壁与舷侧外板连接的叫上层建筑，不连接的称为甲板室。在艏部的上层建筑称为艏楼，艉部的上层建筑称为艉楼，而在中部的上层建筑称为桥楼。

二、船体结构的类型

1. 横骨架式

横骨架式是指主船体中横骨架比纵骨架布置的密。其结构简单，建造容易。由于肋骨及横梁尺寸均一，货舱容积损失较少，广泛应用于总纵强度要求不太高的各种内河船、港口船及沿海中小型船舶上。钢质渔船多采用这种骨架形式。

2. 纵骨架式

纵骨架式是指在主船体中纵骨架比横骨架布置的密。这种形式大大提高了船体抵抗总纵弯曲的能力，减轻了船体重量。但由于纵向接头多，特别是艏艉部由于船体线型变化比较大，使装配和焊接的工作量加大，船舱容积也难以充分利用，因此多用于大型油船及矿砂船。

3. 纵横混合骨架式

纵横混合骨架式是指在主船体某些部位的结构采用纵骨架式，另一些部位的结构采用横骨架式，形成纵横混合骨架式船体。较大型渔船多采用这种结构类型。

第四节 钢质渔船结构

钢质渔船的主要船体结构由外板结构、船底结构、舷侧结构、甲板结构、舱壁结构、艏艉结构和上层建筑结构等组成。

一、外板结构

外板是船体结构的基本组成部分之一，它由许多钢板焊接而成，构成了船舶的水密外壳，保证了船体的浮性。同时，外板又是承受总纵弯曲、水压力、波浪冲击力、冰块挤压以及偶然的碰撞力等各种外力的主要构件之一。

列板是指板材的长边沿船长方向布置并逐块在端部连接而成的长板条。外板的各列板都有专门名称，位于船底的各列板统称为船底板，其中位于船体中心线的一列板称为平板龙骨。由船底过渡到舷侧的弯曲部分称为舭部，该处的列板称为舭列板。舭列板以上的外板称为舷侧板，位于舷侧最上列并与上甲板相连接的列板称为舷顶列板，如图 2-7 所示。

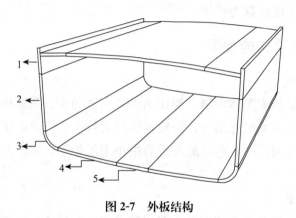

图 2-7　外板结构
1. 舷顶列板　2. 舷侧板　3. 舭列板　4. 船底板　5. 平板龙骨

就外板来说，因为所在的位置不同，受力各不相同。为了在保证强度的前提下尽量减轻结构重量和节省钢材，受力大的部位，外板应该厚一些；受力小的部位，外板就可以薄一些。这样，船体的外板厚度沿船长方向以及沿肋骨围长即型深方向是不一样的。沿船长方向，当船舶总纵弯曲时，作用在船体中部区域的弯矩最大，而向艏艉端，弯矩就逐渐减小。因此，在船体的中部区域内，外板比较厚，而艏艉端约 10％船长区域内，外板可以薄一些。在两者之间的过渡区域内，板厚由中部向两端逐渐过渡。从型深方向看，当船舶总纵弯曲时，作用在船底和上甲板的拉应力和压应力最大，舷侧的应力较小。因此，船底板和舷顶列板的厚度较大，舷侧板的厚度较小。平板龙骨在建造、进坞修理或搁浅时，受到龙骨墩及浅滩的作用力比较大，同时平板龙骨所处的位置容易积水导致锈蚀严重。所以,平板龙骨厚度要比船底板厚一些。对于渔船,平板龙骨要比船底板厚 1mm。平板龙骨的宽度和厚度自艏至艉要保持不变。

对于局部受力较大的区域的外板,还需要局部加强。比如船艉螺旋桨区域,在螺旋桨转动时,会产生流体的附加载荷和震动,因此在螺旋桨上方的外板必须要加厚。此外,与艉柱连接的外板、轴毂处的包板以及尾轴托架支撑固定处的外板必须加厚。这些区域的外板厚度不得小于船中部的外板厚度。船首部的锚孔区域,锚起落时经常与外板相互碰撞,因此锚链筒处的外板及其下方一块板必须加厚或用覆板。拖网渔船网板架安装处的舷顶列板下方一块列板的厚度应适当加厚,至少在网板架向船首 1m 和向船尾 2m 范围内增厚 1mm。

二、船底结构

船底结构位于船体的最下部,是保证船体总纵强度和局部强度的重要板架结构。它承受总纵弯曲、水压力、货物、机器等载荷以及进坞时墩木的反作用力等。

根据船舶的大小和用途不同,船舶底部有单层底和双层底两种形式,单层底和双层底都有横骨架式和纵骨架式两种形式,如图 2-8 所示。

单层底结构只有一层船底板,结构简单,多出现于小型船舶和大、中型船舶的艏艉端。

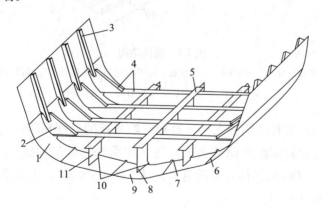

图 2-8 横骨架式单层底结构

1. 舭列板 2. 舭肘板 3. 肋骨 4. 折边 5. 面板 6. 焊缝
7. 流水孔 8. 中内龙骨 9. 平板龙骨 10. 焊缝切口 11. 旁内龙骨

双层底除了船底板之外，还有由底板和内底边板组成的一层水密内底。这种结构增加了船舶底部的抗弯能力，提高了强度。当船底在触礁和搁浅等意外情况下受到破损时，双层底能保证船舶安全，提高船舶的抗沉性能；同时，双层底舱的空间又可以装载燃油、润滑油和淡水，或者用作压载水舱，充分利用了底部空间，还可以用压载水来调整船舶的纵倾和横倾，降低船舶的重心，改善船舶的航海性能。

三、舷侧结构

舷侧结构的主要作用是保证船体的水密性、船体的总纵强度和局部强度，如图 2-9 所示。作用在舷侧结构上的外力包括：舷外水压力、舱内货物的横向压力和液体载荷压力、总纵弯曲的应力，以及波浪冲击、碰撞、冰块挤压等力。

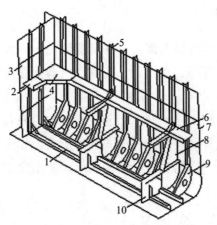

图 2-9　舷侧结构

1. 船底纵骨　2. 水平桁　3. 舱壁板　4. 连接肘板　5. 肋骨　6. 舷侧纵桁
7. 外板　8. 强肋骨　9. 舭肘板　10. 肋板

舷侧结构的肋骨间距的大小，直接影响外板的厚度和肋骨的尺度。渔船外板的厚度与肋骨间距之间的关系，按《钢质海洋渔船建造规范》来确定。一般船长 $L \leqslant 60\text{m}$ 的渔船，其肋骨间距为 500～600mm，船端肋骨间距应不小于船中部肋骨间距。

四、甲板结构

船舶主船体部分设有一层或几层全通甲板。小型船舶仅有一层甲板，而大型船舶往往设置两层或多层贯通全船的连续甲板，将船体自上而下进行分隔。

甲板结构有横骨架式和纵骨架式两种，如图 2-10 所示。渔船多为横骨架式，它由甲板板、横梁、甲板纵桁、舱口围板和支柱等构件组成。

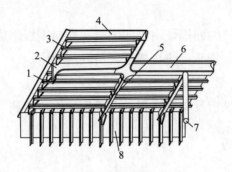

图 2-10　甲板结构

1. 横梁　2. 舱口端梁　3. 半横梁　4. 甲板板
5. 甲板纵桁　6. 舱口围板　7. 支柱　8. 横舱壁

1. 甲板板

甲板板是甲板结构的基本构件之一，它处于工字梁上翼板的边缘，因此要求有较高的强度，所以甲板板比较厚。

上甲板是船舶总纵弯曲时应力最大的一层甲板，所以上甲板也称强力甲板，它保证船体总纵强度。下甲板和平台主要是保证局部强度。

与外板情况类似，上甲板参与总纵弯曲时，舯部弯矩最大，所以船中部甲板较厚，向艏艉两端逐渐变薄。甲板边板处因为经常积水容易腐蚀，也要厚一些。

对于渔船来说，网台下方的甲板板要比计算所得的值再增厚 1mm，在绞车、网板架等专用渔捞设备底座区域的甲板厚度至少要增加 2mm。尾滑道要有足够强度，滑道的板厚因船长不同要不小于 10mm（船长不超过 30m）或不小于 12mm（船长大于 40m）。

2. 横梁

是设置在甲板各肋位上的横向构件。它承受甲板上货物、机器和设备等重量，还有甲板上浪的水压力。

3. 甲板纵桁

是沿船长方向布置的纵向构件。它承受总纵弯曲，并作为横梁的支座。

4. 甲板纵骨

是纵骨架式甲板结构上的纵向构件，一般平行于船体中心线布置。它承受总纵弯曲，加强和支持甲板板，增加甲板板的稳定性，提高承受外力的能力。

5. 货舱口围板

设置在货舱开口的四周，由纵向围板和横向围板组成。舱口围板可防止打上甲板的海水灌入货舱，防止船上人员跌落舱内。

6. 支柱

主要支撑甲板纵桁及横梁，把它们受到的力传递到船底。

五、舱壁结构

船上有许多横向和纵向布置的舱壁，把船体内部空间分隔成若干舱室，供居住、工作、装载货物、备品及燃油等用。设置水密舱壁，有利于提高抗沉性能。另外，舱壁还可以防止火焰蔓延和毒气的扩散。

横舱壁对保证船体的横强度和刚性有很大作用，这对纵骨架式船舶更加重要。此外，舱壁作为船底、甲板、舷侧等结构的支座，使船体各构件之间的作用力互相传递，如图 2-11 所示。

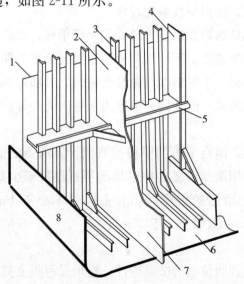

图 2-11　平面舱壁结构

1. 横舱壁板　2. 纵舱壁　3. 垂直扶强材　4. 竖桁

5. 水平桁　6. 船底板　7. 纵舱壁　8. 舷侧列板

作用在舱壁上的力有：水密试验和船舱破损进水时的水压力，液体舱中油或水的压力，甲板、舷侧和船底传递来的力，以及货物移动对舱壁的碰撞力等。

六、艏艉部结构

艏部通常是指从船首到艏垂线向船尾15％船长处的区域，艉部通常是指艉尖舱舱壁以后的区域。艏艉部与船中部相比，所受到的总纵弯矩较小，因此作用在艏部上的外力主要是水压力及航行时波浪的冲击力，水面漂浮物和靠离码头时的碰撞力；作用在艉部上的外力主要是水压力，螺旋桨和舵的重力，以及螺旋桨工作时的振动力和被螺旋桨扰动的水的冲击力。

1. 艏部结构

（1）艏柱　是船体最前端的构件，渔船一般采用前倾式艏柱，船舶前进时艏柱首当其冲，因此艏柱要有足够的强度和刚性。艏柱截面的形状是变化的，在设计水线附近，为了减小航行时的阻力，通常做成瘦削的形状，从水线向上宽度逐渐增大，水线以下至平板龙骨处，宽度也是增大的，如图 2-12 和图 2-13 所示。

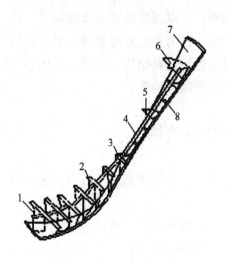

图 2-12　钢板焊接艏柱结构

1. 中内龙骨　2. 实肋板　3. 舷侧纵桁　4. 加强筋
5. 上甲板　6. 艏楼甲板　7. 艏柱板　8. 肘板

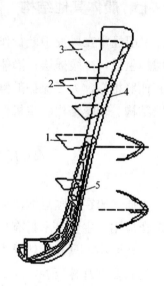

图 2-13　混合式艏柱

1. 下甲板　2. 上甲板　3. 艏楼甲板
4. 钢板艏柱　5. 铸钢柱

（2）艏部结构的加强　在艏尖舱区域内，肋骨间距比船中部小，肋板厚度比船中部略有增加。

2. 艉部结构

（1）艉柱　是船体艉部结构的重要构件，设置在艉端下部，主要为了支撑和保护舵及螺旋桨，并提高艉部结构的强度。我国中小型渔船多采用铸造或锻造艉柱，如图 2-14 和图 2-15 所示。

图 2-14　铸造艉柱

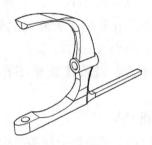

图 2-15　锻造艉柱

（2）艉部结构的加强　艉尖舱的肋骨间距比船中部小，当舱深较大时，也设置强胸横梁和舷侧纵桁，以加强艉部结构。

七、船体其他结构

渔船经常在风浪中航行作业，摇摆剧烈，所以在舭部常设置舭龙骨，用以增加阻尼，减缓摇摆；渔船和一些工作船，因为要经常停靠码头或以舷侧与其他船相靠，为了保护舷侧外板，需要设置护舷材结构；此外，船体还有舷墙结构、轴隧结构、主机机座结构及上层建筑结构等。

第五节　木质渔船结构

木质渔船在我国近海渔船中占有较大比例，木质渔船之所以自古至今得到广泛应用，主要是木材有如下一些优点：

①密度小，具有天然浮力，这对于水上建筑物是有利的；

②只要有森林资源，原材料可以直接取之于自然界；

③具有较好的强度，并且还能吸收冲击力和震动；

④对于热量为不良导体，有助于渔获物保鲜，又能构成适宜的居住舱室；

⑤由于木材易于加工，便于成形，因此建造木质渔船不需要复杂设备。

木材的主要缺点有：

①易燃；

②含水率变化时，膨胀和收缩有显著变化，甚至会引起弯曲、扭转或裂开；

③易于腐朽；

④强度有方向性。

建造木质渔船时，其构件对所选用的木材是有一定要求的。比如对于木材中的一些缺陷诸如节子、裂纹、虫眼等都有详细标准。

木质渔船的外板与甲板布置形式和钢质渔船相似。龙骨是船体的主要纵向构件之一，我国的木质渔船多为折线形木质渔船，其龙骨的宽度在舯部较宽，有的高达型宽的 20%，两端的宽度较小，以利于坐滩。舭龙骨对木质渔船而言，除了有消减横摇的作用外，还有增强舭部强度的作用。

木质渔船的结构形式多为横骨架式，其艏柱通常用一根木料做成；推进器柱与舵柱一起构成尾部框架或称之为艉柱。

第六节　玻璃钢渔船结构

玻璃钢是以玻璃纤维为增强材料，以树脂为黏结剂的复合材料。玻璃钢渔船发展比较迅速的主要原因是玻璃钢的强度高，按"抗拉强度/密度"来衡量的话，玻璃钢远比一般钢材为高。玻璃钢船与同长度钢质船相比，要轻 20%～25%，从而大大降低了油耗。另外，玻璃钢材料耐化学腐蚀，玻璃钢船体不腐不锈，使用寿命长；施工设备简单，小型船厂也可成批建造；易于维修，维修费用低。

玻璃钢渔船的结构形式与钢质渔船类似，且多为横骨架式。在目前的玻璃钢渔船中，船体内部构件除了玻璃钢构件外，还有木质构件和钢质构件。

第七节　船体强度

根据船体结构的特点，以及通过对作用在船体上的力的分析可知，船体强度包括总纵强度、横强度、局部强度和扭转强度。

一、总纵强度

船体结构抵抗总纵弯曲（中拱或中垂）而不使整体结构受到破坏或严重变形的能力称为总纵强度。船体上最大的总纵弯曲力通常出现在上甲板和船底板，中拱和中垂的最大弯曲力矩在船中附近；最大的剪切力一般在距船首和船尾的 1/4 船长处。在我国《钢质海船建造规范》和《钢质海洋渔船建造规范》中，对于船长（L）$\geqslant$60m 的船舶，其甲板和船底的最小剖面模数（与剖面尺寸有关的力学参数）都有相应的规定。

二、横向强度

横向强度就是船体构件如肋骨框架和横舱壁等抵抗横向弯曲而不发生严重变形和破坏的能力。船体结构在外力作用下，除了产生总纵弯曲之外，还会产生横向弯曲，这种弯曲是由于水压力以及甲板上和舱底有货载导致，在水压力和货载重力作用下，船体结构产生的横向弯曲变形。

船体结构中，保证横强度的主要是横向构件，包括横舱壁和由肋骨、横梁、肋板等组成的肋骨框架。一般来说，船体总纵强度满足要求时，用通常的建造方法，船体也就有足够的横强度。船体极少因为横强度不足而发生构件断裂的情况。

三、局部强度

所谓局部强度就是船体结构某一部位受到局部作用力而不发生变形和破坏的能力。船体结构受到外力作用后，除了可能发生整体变形或破坏外，还存在涉及个别结构的变形和破坏。例如，外板及甲板在骨架间的凹凸变形，舱壁的弯曲，舷侧结构在横舱壁之间的内凹，支柱被压弯，肘板的撕裂，开口转角处的裂缝等，这些都是局部变形或破损。尽管局部强度是局部性的，但有时局部破坏也会导致全部的断裂。比如，因大开口转角处的裂缝逐渐蔓延开来，就有可能造成全船的断裂；另外有时船体的总纵强度能保证，但局部强度不一定能保证。所以，船首承受波浪冲击力的区域，以及船尾承受螺旋桨工作时水压力处的结构，应有适当加强；在主机、锅炉、渔获物或其他货物、吊杆柱、桅杆、救生艇架、带缆桩、网板架、起网机、起锚机等重力作用下的受力较大处，相应的构件尺寸要足够大，同时要采取有效的局部加强措施；再比如艉滑道拖网渔船的艉部滑道要有足够强度，滑道及侧壁易受网具磨损处要设置防擦材料进行加强。总之，局部强度是采用局部加强的方法来解决的。

四、扭转强度

船体结构抵抗扭转变形，使其不遭受严重破坏的能力称为扭转强度。当船舶斜置于波浪上造成浮力不对称或者在装卸过程中造成艏艉区域两舷的货物分布不对称于中纵剖面时，都会引起扭矩，使船舶产生扭转变形。

对于一般甲板开口不大的船舶，扭转变形较小，在总纵强度满足的情况下，扭转强度基本上能保证。但对于具有甲板大开口的船舶，必须考虑扭转强度。

1. 船体的结构类型有哪几种？
2. 作用在船体上的力有哪些？
3. 什么是中拱与中垂现象？为什么会出现这些现象？
4. 船舶的总纵强度指的是什么？
5. 什么是局部强度？
6. 渔船的艏部和艉部都有什么结构？
7. 钢质渔船多采用哪种骨架形式？

第三章　渔船配积载

本章要点：渔船载重量的确定、渔获物的装运、满足渔船强度和吃水差的积载要求、保证渔船稳性的积载。

渔船的配积载对船舶的航海性能影响非常直接，主要涉及船舶稳性、抗沉性和操纵性，同时与船舶的强度也有很大关系。合理的渔船配积载是渔获物等运输和保管质量的重要保证。所以渔船驾驶人员必须熟悉和掌握一些渔船配积载的主要原则和方法。

第一节　渔船配积载基础知识

渔船主要是用于渔业生产和为渔业服务的，但也有货运任务，如运送渔货、临时运送其他货物等。这就需要渔业船员掌握有关货物配积载、货物保管等方面的知识。

一、渔船配载时载重量的确定

船舶最大货运量就是船舶的装载能力或载货能力。它受到重量和容积两个方面限制，在重量上，不能超载；在容积上，要受到舱容的限制。渔船的载货种类比较单一固定，其舱容是按装载渔获物设计的，载重能力和容积能力是相匹配的，通常不会出现载重不足而容积超限的情况。所以确定装载量时主要考虑载重量方面的限制。

为了确定渔船在航次中载货重量的能力，每个航次均需计算净载重量（NDW）的大小，计算公式为：

$$NDW = DW - \sum G - C$$

式中　　DW——总载重量；

$\sum G$——航次储备；

C——船舶常数。

1. 总载重量 *DW* 的确定

总载重量是船舶达到最大允许吃水时能装载的所有重量（包括燃料、淡水、渔获物、渔具、供应品和船员的重量）。排水量是船舶的总重量，它与空船重量和总载重量的关系为：

空船重量＋总载重量＝排水量

空船重量就是渔船在不装载燃料、淡水、渔获物、渔具、供应品和船员时的船体重量，如图 3-1 所示。

图 3-1　空船状态

渔船在装载燃料、淡水、渔获物、渔具、供应品和船员时的船体重量，称为装载状态下的排水量，如图 3-2 所示。

图 3-2　货物装船状态

渔船具体航次所允许使用的最大总载重量主要受到 3 个方面的限制，即作业或航经的航道、港口水深的限制，载重线海图对渔船吃水的限制，渔船本身的航海性能的限制。

（1）航线水深限制下的总载重量　当渔船作业水域及航经的港口及水道水深受限时，应在考虑航线上浅水位置、水深等因素影响后，合理确定所允许使用的最大总载重量。

（2）载重线海图限制下的总载重量　根据本航次渔船经过的海区以及所处的季节期，从"载重线海图"中确定本船应使用的载重线，由吃水可查得相应的总载重量。

（3）渔船性能限制下的总载重量　渔船总载重量的确定应保证渔船航行及作业安全，即确保具有可靠的抗沉性、稳性及船舶强度等，尤其是较旧渔船，更应考虑船舶的结构和技术状态。

渔船在得到航线水深、载重线海图及渔船性能限制下的不同总载重量后，在航行及作业过程中总载重量要取上述三者当中的最小值。

2. 航次储备量 $\sum G$ 的确定

航次储备量 $\sum G$ 有一部分是固定的，与航行天数关系不大，主要包括船员、行李、粮食蔬菜及日常用品的重量，网具、冷藏用的冰等其他船用备品、备件的重量。

渔船的储备量还有一部分是可变的，主要包括燃料和淡水。其大小应按航次时间、补给方案和储备天数确定。

渔船配备足量的航次储备是适航的必要条件之一，一般情况下，装载消耗的航次储备品按正常消耗应有 20％ 的富余量。

3. 船舶常数的确定

船舶常数是指船舶经过一定时间营运后，空船重量和渔船刚出厂时的空船重量（在船舶资料中可查得）的差值。这种差值有时也是很可观的，比如渔船上未及时卸下的废旧物料、船舶改装造成的空船重量变化等。船舶常数可在空船状态下通过观测吃水，再查船舶资料来确定，应定期进行，尤其是有重大改装之后必须进行，以做到心中有数。

渔船在载重方面尽量不要满载，更不能超载，以保持船舶足够的浮性和抗沉性。装载的货物要尽量计算准确的总重量，同时要与检验证书上的净载重量相比较，所装载的货物总重量不得大于船舶净载重量。

二、渔获物积载

渔船装运冷藏货物是经常的，作业渔船和运输船都要装运渔获物和鱼贝等产品，而且有时是较长时间的装运。因此，对冷藏货物要加深了解，做好充分的准备工作，采取适当措施防止货损、伤人事故的发生。

根据目前渔船的生产特点，渔获物有冰鲜鱼、冷冻鱼及鱼粉3种形式。

1. 冰鲜鱼的积载

通常冰鲜鱼是利用碎冰与渔获物散装或箱装进行积载。

（1）散装　①将渔获物按类别与规格分档，鱼层和冰层尽量薄。②在鱼舱的舱底和舱壁四周由于导热快，要以冰块或厚冰加封，底部加衬垫，并用垫料或冰块堵塞舱壁空敞部位，以此来降低溶化的速度。③将耐腐败、多涎的鳗鱼或低档鱼等装在底层，价值高的鱼装在中上层。蟹类、墨鱼与有刺、有毒的鱼类要分开装舱。④舱内采用闸板分隔以阻拦渔获物的移动，或用鱼箱打墙分隔，组成若干纵横的小舱。⑤为了减少鱼体压碎变质，散装鱼不能装得过高，在各个舱口下面不能装散装鱼，以便于卸鱼。散装渔获装满后，面层要用厚冰进行封藏保温。

（2）箱装　装箱时先按鱼类的品种与规格将鱼整齐地摆排于箱内，鱼类的头尾不要露出箱外。下舱的鱼箱要像建筑砌砖一样层与层之间必须纵横交叉、压缝叠放。

2. 冷冻鱼积载

冷冻是把渔获物的温度降到零度以下，使其冻结。但是，冻结速度较慢，鱼体细胞膜的内层会形成较大的冰晶，使细胞膜破裂，造成鱼体减少甚至失去原有的鲜味及营养价值。

速冻是在 $-35\sim-30℃$，甚至更低的温度下，用很短的时间使鱼体冻结，这样不至于造成细胞膜破裂。然后再进行箱装包装，送到冷藏舱。

冷冻鱼在积载前，冷藏舱应充分预冷，使冷气浸透舱内所有设备和衬垫材料，并使舱内各部位的温度均匀一致。

3. 鱼粉积载

所谓鱼粉是将变质鱼或鱼体的加工废弃物磨成粉末后再经风干而成。由于鱼粉内含有较多的油脂和水分，高温环境下可能发生自燃现象，所以鱼粉要装在设有金属铂内衬的木箱或金属容器内，在保持气密情况下按危险货物对待。同时鱼粉含有一定的水分，因此装货前应严格检查鱼粉的含水量并测定温度。对于含水量超过12%、温度超过49℃的鱼粉，应拒绝装船。在条件许可的情况下，航行途中如发现舱内温度较高时，应翻舱进行散热。

运输过程中要注意外部温度的变化，当天气较热时，要经常查看货舱及货物。卸货前，应通风一段时间，确保舱内空气新鲜后，再派人下舱卸货，这样能防止下舱人员因吸入有毒气体或缺氧而出现人身伤亡事故。

三、危险货物运输

①一般情况下，渔船不应运送危险货物，尤其是危险性较高的爆炸品，易燃物、放射物等更不宜装运。

②如要装运危险货物，应首先报告港内渔监机关，征得同意，才能进行装卸。

③在装运危险货物时，应请专业人员到现场进行指导，了解危险货物的性质，并请专业人员在装、运、卸货的过程中进行监督以确保安全。

④要有装、运和卸货过程中的应急预防措施，并做好应急准备。平时要定期进行演练，以便随时应对突发事故。

第二节　满足渔船强度和吃水差要求的积载

一、满足船体强度要求的积载

渔船在积载时要保证船体强度不受损伤。由于一般渔船的尺度不大，舱口开口也不大，所以横向强度和扭转强度不是主要的。装货时，主要是同时考虑船舶的总纵强度和局部强度。对于总纵强度，重点是防止船舶出现过大中拱或中垂。尤其是在波浪的波长和船长接近时，要格外注意。对于局部强度，要考虑局部范围内对船体结构产生压力过大，使这些结构发生局部变形甚至破坏。

1. 保证总纵强度不受损伤

若将载荷集中地分布在船首、船尾两处，当波峰处于船中，尤其是波长和船长接近时，就会出现船舶的艏艉重力大于浮力，船中浮力大于重力，造成严重的中拱现象，如图 3-3 所示。

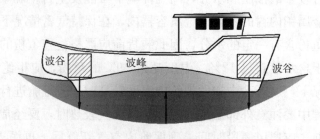

图3-3　严重的中拱弯曲

若将载荷集中装载于船中，当波谷处于船中时，就会出现船舶艏艉重力小于浮力，船中浮力小于重力，造成严重的中垂现象，如图 3-4 所示。

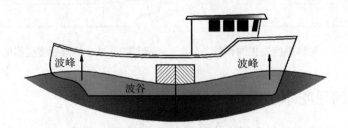

图 3-4　严重的中垂弯曲

所以，这时应把货物在纵向上较均匀积载，以防止上述情况发生。具体操作上，若渔船有多个鱼舱，应将渔获物按仓容比例沿纵向上分配，即大舱多装、小舱少装，如图 3-5 所示。尤其是没有满载时，尽量不要可一个舱装满，而其他舱室空舱。

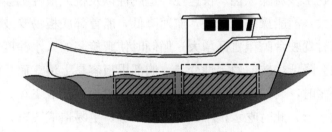

图 3-5　合理的纵向积载

实际上，船体在纵向上除了受到中拱和中垂的弯矩作用之外，沿船长方向在各个断面还有剪切力的作用，通常情况下，这种剪切力在距船首和船尾 1/4 船长附近较大。

2. 保证局部强度不受损伤

要保证局部强度不受损伤，主要考虑货物对舱底板的压力。如果在甲板上装货，要考虑对甲板的压力。对于本身很重的货物，同时密度又很大，如果集中地积载于舱底或甲板某一部位，这会造成舱底板或甲板局部强度的损伤，出现局部结构的变形或破坏，如图 3-6 所示。

因此，要尽量将货物均匀分布在舱内或甲板上，使船体舱底板或甲板的某一局部不至于压力过于集中，影响船体的局部强度，如图 3-7 所示。

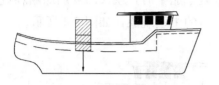

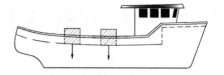

图 3-6　局部强度受损的积载　　　　图 3-7　减小局部强度受损的积载

二、满足吃水差要求的积载

吃水差是指艏吃水与艉吃水的差值，用符号 t 表示：

$$t = d_F - d_A$$

式中　　d_F——艏吃水；

　　　　d_A——艉吃水。

当船首吃水大于船尾吃水时，称为艏吃水差，相应的纵向浮态称为艏倾；当船首吃水小于船尾吃水时，称为艉吃水差，相应的纵向浮态称为艉倾。渔船的吃水差对操纵性、快速性、适航性以及抗风浪性都会产生较大影响。艉倾过大，渔船操纵性变差，航速降低，船首部底板易受波浪拍击而导致损坏，同时驾驶台瞭望盲区增大；艏倾时使螺旋桨的入水深度，即沉深减小，航速也会降低，航向稳定性变差，艏部甲板容易上浪。而且渔船在风浪中纵摇和垂荡时，会使螺旋桨和舵叶容易露出水面，造成飞车。渔船在某些情况下空载航行，此时吃水很小，如艉倾不够，更易造成飞车，使渔船操纵性和快速性变差。

渔船相对于大型商船来讲，尺度较小，为保证螺旋桨有一定沉深及快速性，艉倾的角度要稍大些。

（一）吃水差产生的原因

若要了解吃水差产生的原因，首先要理解两个概念，一个是重心，另一个是浮心。

1. 重力和重心

向上抛起的物体会落下来，这是由于地球引力的作用，物体受到的地球引力称为重力。

重力的作用点叫做重心（G），整个物体所受的力就可以看成通过这一点垂直向下。重心取决于整个船舶的重量分布，并且它的位置可以通过倾斜试验或计算得到。重心的位置 G 可以从一个参考点量取，重心的垂向位置从参考点 K，即船舶的龙骨处向上量取。量取的距离称为 KG，即重心高度，如图 3-8 所示。

重心的纵向位置从船中处水平量取，量取的距离称为重心的纵向坐标（x_g）。

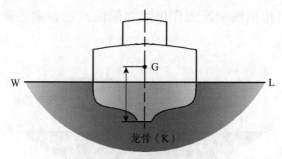

图 3-8　船舶重心垂向位置

2. 浮力和浮心

如果一个球被压入水中，它会很快浮起来，这个使其上浮的力就叫做浮力。当船舶处于自由漂浮状态时，它的浮力与排水量是相等的。

浮心（B）是浮力竖直向上的作用点，它位于船体水下部分的几何中心处。比如浮在水中的皮球，球心并不是皮球的浮心，浮心是球体在水中部分的几何中心，如图 3-9 所示。

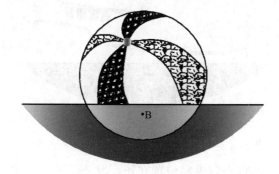

图 3-9　皮球的浮心

当船体的外形已知时，设计和建造船舶的工程师能够计算出各种排水量、横倾和纵倾状态下的浮心位置。浮心位置的表示与重心类似，垂向上用 KB 表示，纵向上用浮心的纵向坐标（x_b）表示。

3. 吃水差的产生

理解了重心和浮心概念之后，下面来说明吃水差是怎样形成的。

如果装载后重心纵向位置与浮心纵向位置在同一垂线上，则船舶将正浮于水面上，此时艏艉吃水相等，即吃水差为0。若装载后重心的纵向位置与正浮状态下浮心的纵向位置不在同一条垂线上，则船舶将产生一个纵向倾斜的力矩，使船舶纵倾。这个力矩的大小等于船舶重量（排水量）或浮力大小与重力作用线和浮力作用线之间的水平距离的乘积，如图3-10所示。

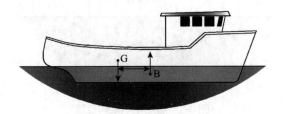

图3-10　船舶纵倾时的力臂

假如重心的纵向位置在正浮状态下浮心位置之后，会产生使船舶艉倾的力矩，此时船尾部下沉，艉部的排水体积增大，导致浮心会向船尾方向移动。当浮心移动到与重心在同一条铅垂线上时，船舶达到平衡状态，从而吃水差也就形成了，如图3-11所示。

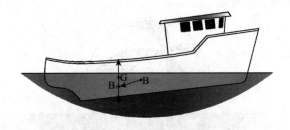

图3-11　吃水差的形成

同样道理，假如重心的纵向位置在正浮状态下浮心位置之前，会产生使船舶艏倾的力矩，此时船舶艏部下沉，艏部的排水体积增大，导致浮心会向船首方向移动。当浮心移动到与重心在同一条铅垂线上时，船舶达到平衡状态，船舶处于艏倾状态。

渔船装货时应在船尾部舱室适度多装些，以保持适度吃水差，使艉吃水大些，这样有利于船舶操纵，减小阻力。在艉部舱室多装多少货物，要根据所要保持的吃水差大小来决定。

吃水差的计算

如果对渔船的静水力资料比较了解，可以对吃水差及吃水差的调整进行定量计算。

吃水差的产生是由于装卸时，船舶重心的纵坐标与浮心纵坐标不重合产生的纵倾力矩使船舶产生纵倾的结果。船舶重力作用线与浮力作用线不共线时，重力与浮力构成一对力偶，即产生纵倾力矩 M_L，其大小为作用力（重力或浮力，用排水量 Δ 表示）与力偶臂（重心纵向坐标 x_g 与浮心纵向坐标 x_b 的差值）的乘积，即：

$$M_L = \Delta(x_g - x_b)$$

其中 x_b 可由排水量 Δ 查静水力曲线图得到，x_g 可用下式计算：

$$x_g = \frac{\Delta_0 x_{g0} + \sum P_i x_i}{\Delta}$$

式中　Δ_0——空船排水量；

x_{g0}——空船重心纵向坐标；

$\sum P_i x_i$——所有装载的重量与其纵向坐标的乘积之和。

由此产生吃水差，其计算式为：

$$t = \frac{\Delta(x_g - x_b)}{100MTC}$$

式中　t——吃水差（m），艏倾时为正值，艉倾时为负值；

MTC——每厘米纵倾力矩（t·m/cm），由排水量 Δ 查静水力曲线图得到。

（二）吃水差的调整

吃水差与渔船的很多航行性能均有关，如果吃水差不合适，如何调整呢？首先要理解漂心的概念。漂心（F）是水线面的几何中心，在船中附近，船舶小角度纵倾时即以它为轴。它的纵向位置是以船中为参考点用漂心的纵向坐标（x_f）来表示。

在漂心的垂线上装卸少量载荷（要装卸货的重量 P 小于 10%Δ），会使船舶平行沉浮，即不会产生吃水差。

1. 装卸载荷调整吃水差

少量货物装在漂心前，会使船舶增加艏倾，如图 3-12 所示。

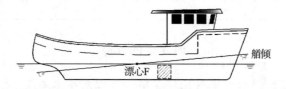

图 3-12　增加艏倾的装载

少量货物装在漂心后，会使船舶增加艉倾，如图 3-13 所示。

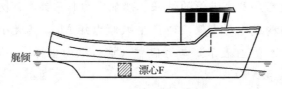

图 3-13　增加艉倾的装载

上述情况对于卸掉货物，正好相反。也就是说，少量货物从漂心后卸掉，会使船舶增加艏倾；少量货物从漂心前卸掉，会使船舶增加艉倾。

少量装卸货物调整吃水差的计算

理论表明，船舶在少量装卸后，船舶的每厘米纵倾力矩基本不变。因此，在吃水差计算中只要装卸货的重量 P 小于 $10\%\Delta$，就可以采用初始状态的每厘米纵倾力矩值，计算结果仍具有较高的精确度。在船上任意位置增减小量货物，会使船舶的吃水发生变化，一般会发生纵倾改变。为了简便起见，以装货物为例分两个步骤进行讨论：

第一步：假定货物装载的位置在水线面漂心 F 的垂线上，这样只改变船舶的平均吃水，而不产生纵倾。

第二步：把载荷移到指定的位置，以确定船舶的纵倾。

1）初始状态　设装货前艏艉吃水分别为 d_F 和 d_A，吃水差 $t = d_F - d_A$ 根据平均吃水 d_M 由静水力曲线图（或静水力参数表）查得：MTC、x_f 参数值。在实际工作中，有的驾驶员已熟记满载、半载和空载吃水时的 MTC 值。

2）平行下沉　已知小量装货货重为 P，其重心纵向坐标为 x_p。假设 P 装在初始水线的漂心 F 的垂线位置上，使船平行下沉。

3）水平纵移　将 P 由漂心垂线处水平纵移至实际装货位置，其水平纵移距离 l_x 为：

$$l_x = x_p - x_f$$

式中 l_x —— P 的水平纵移距离（m），前移取正号，后移取负号；

x_p —— P 的重心纵向坐标（m）。

产生的纵向力矩为：

$$M_{IL} = Pl_x = P(x_p - x_f)$$

4）吃水差改变量：

$$\delta t = \frac{P(x_p - x_f)}{MTC}$$

5）装货后的吃水差：

$$t' = t + \delta t$$

以上的计算方法和具体步骤是以小量装货为例，当进行小量卸货时，也可以用上述方法，只要将 P 加上负号即可。

---

2. 移动货物调整吃水差

货物向船首方向纵向移动，会增加艏倾，如图 3-14 所示。

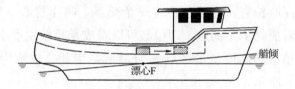

图 3-14　增加艏倾的货物移动

货物向船尾方向纵向移动，会增加艉倾，如图 3-15 所示。

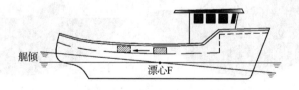

图 3-15　增加艉倾的货物移动

第三节　保证渔船稳性的积载

在渔船的总体安全性能中，稳性是最重要的因素之一，如何强调都不过分。在不降低救生设备重要作用的前提下，为了防止船舶倾覆，任何可能的办法都应该采用，其实船舶本身就是最好的救生艇，要将安全的观念首先系于船舶本身。渔船的稳性不是一成不变的，在整个渔船的使用寿命中，甚至每一次的航行中，稳性都在发生不断的变化。由于天气变化，以及由于装载和操船的方式不同，或者船舶设备布置的改变，原本一条稳性良好的渔船也可能稳性变差。渔船在货物积载、作业及货物装卸过程中要保持适度的稳性。

一、稳性的基本概念

（一）船舶的平衡状态

1. 稳心及稳性高度

（1）稳心（M） 如果船舶由于外力作用产生横倾（也就是说，船内重量并未移动），如图 3-16 所示，一个楔形的浮力体积就会在一侧从水里浮出，而在船舶的另一侧就会有一个相似的楔形浮力体积浸入水中，如图3-17。水下部分的几何中心，即浮心，将会从 B 点移动到 B_1 点。从船舶发生一系列小角度横倾时的浮心位置画垂线会产生一个交点，叫作稳心（M），在小角度倾斜时可近似看成是固定的点，即稳心可以看成是船舶发生小角度横倾时的转轴中心点。稳心的高度从参考点 K 处量起，因此，也称为稳心距基线高 KM，如图 3-18 所示。

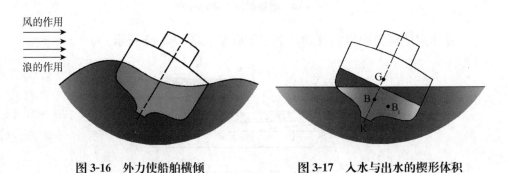

图 3-16　外力使船舶横倾　　　　图 3-17　入水与出水的楔形体积

（2）稳性高度（GM） G 和 M 之间的距离被称为稳性高度（GM）（还称作初稳性高度、稳距），如图 3-19 所示。

2. 船舶平衡的 3 种状态

（1）稳定平衡 船舶发生倾斜后，如果具有回复到正浮状态的趋势，这时称船舶处于稳定平衡状态。这种状态只有在船舶的重心位于稳心下方时才能出现。正浮状态是稳定的船舶称为有正的稳性高，即稳心在重心之上，通常称为有正的 GM 值或正的初稳性，如图 3-19 所示。

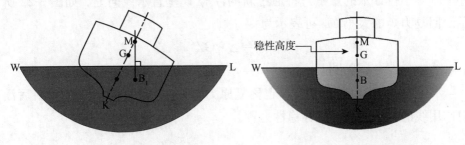

图 3-18　横稳心及横稳心距基线高　　　图 3-19　初稳性高度 GM

（2）不稳定平衡　如果船舶的重心在稳心之上，这时船舶被称为有负的 GM 值或负的初稳性高，如图 3-20 所示。处于这种状态的船舶会出现失稳横倾，也就是说，船舶在水面上漂浮时会从正浮状态向一侧或另一侧横倾一个角度，并且有倾覆的危险。

（3）中性平衡　当船舶重心的位置和稳心的位置重合时，称船舶处于中性平衡（GM＝0）状态。此时如果船舶横倾至一个小角度，它将保持这个状态，如图 3-21 所示。

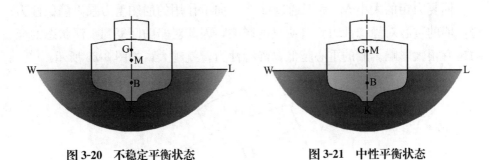

图 3-20　不稳定平衡状态　　　　　图 3-21　中性平衡状态

（二）稳性的定义

渔船的稳性是指渔船在受到如风、浪或渔具拉力等外力的作用下出现倾斜后，当这种外力消失，能回复到原来平衡状态的能力。它是由该船舶的特征参数，如船型、重量分布以及船舶操纵的方式所决定的。

船舶在外力作用下发生倾斜，当外力消除后能自行回复到原来平衡状态的能力，可以用船舶倾斜状态下产生回复力矩（也称稳性力矩或回复力矩）的大小来度量。船舶倾斜后，船的重量和重心都不会发生变化，重力通过重心 G 垂直向下。浮心 B（水下部分的几何中心）将会移动到新的位置 B′，浮力（等于排开水的重量）将通过新的浮心 B′ 垂直水线向上。如图 3-22 所示。回复力矩的大小 M_S 可表示为：

$$M_S = \Delta \cdot GZ$$

式中　　Δ——排水量；

　　　　GZ——静稳性力臂（也称复原力臂），是船舶重心 G 至倾斜后浮力作用线的水平距离，简称稳性力臂。

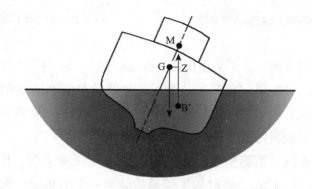

图 3-22　船舶横倾时的静稳性力臂

回复力矩的大小 M_S 等于通过重心 G 向下作用的船舶重力乘以静稳性力臂，船的重心对静稳性力臂有明显的影响，因此对船舶回复到正浮状态的能力也有很大影响。船的重心越低，静稳性力臂就越大，如图 3-23 所示。

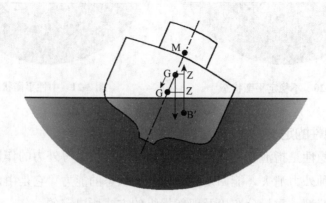

图 3-23　重心下降，GZ 较大

如果船舶的重心 G 靠近稳心 M，船舶将会有一很小的稳性高度，而且静稳性力臂也会是很小的值。因此使船舶回复到正浮状态的静稳性力矩将比图 3-23 中的要小得多。

（三）稳性的分类

1. 按船舶倾斜方式分类

按船舶的不同倾斜方式，可分为横稳性和纵稳性。横稳性是指船舶绕纵向轴横倾时的稳性；纵稳性指船舶绕横向轴纵倾时的稳性。由于纵稳性力矩远大于横稳性力矩，不可能因纵稳性不足而导致船舶倾覆，所以稳性问题只研究横稳性。

2. 按倾角大小分类

按船舶倾角大小，可分为初稳性和大倾角稳性。初稳性指船舶小角度倾斜时的稳性，在实际营运中倾角小于10°～15°时的稳性视为初稳性；大倾角稳性指倾角大于10°～15°时的稳性。之所以这样分类，是由于小倾角稳性和大倾角稳性在稳性的表示和计算上是不同的。

3. 按作用力矩的性质分类

按作用力矩的性质可分为静稳性和动稳性。静稳性指船舶在倾斜过程中不考虑角加速度及惯性作用的稳性；动稳性指船舶在倾斜过程中要考虑角加速度及惯性作用的稳性。

4. 按船舱是否进水分类

按船舶是否破舱进水，将稳性分为完整稳性和破舱稳性。船舶未破舱进水时的稳性为完整稳性；船舶破舱进水时的稳性为破舱稳性。

二、初稳性

（一）初稳性的表示与计算

船舶在小角度倾斜条件下，倾斜轴过初始水线面的面积中心，即漂心 F，过初始漂心 F 微倾后船舶排水体积不变；当排水量一定时，船舶的稳心 M 点为一定点。船舶初稳性是以上述结论为前提进行研究和表述的。

船舶在小倾角条件下，稳性力矩 M_S 和静稳性力臂 GZ 可表示为：

$$M_S = \Delta \cdot GM \sin\theta$$

$$GZ = GM \sin\theta$$

式中　　θ ——船舶横倾角。

从上式可以看出，在给定排水量情况下，如果船舶倾斜至某一小角度，回复力矩的大小就取决于稳性高度 GM。而排水量一定时，横稳心点是固定的，所以 GM 的大小就直接与重心 G 的位置，即重心高度相关。重心高度越高，GM 值就越小，稳性力矩也越小；重心高度越低，GM 值就越大，稳性力矩也越大。

GM 值是小倾角稳性（初稳性）的重要标志。有条件的渔业船员应尽量掌握 GM 值的计算方法。

初稳性高度的计算

船舶装载后初稳性高度可由下式求取，即：

$$GM = KM - KG$$

稳心距基线高 KM 可根据装载后的吃水查静水力曲线图或静水力参数表得到。重心高度可由下式计算：

$$KG = \frac{\sum P_i \cdot Z_i}{\Delta}$$

式中　P_i——组成船舶总重量（含空船重量等）的第 i 项载荷；

　　　Z_i——载荷 P_i 的重心距基线高度。

对于大量载荷装卸后的稳性计算，应采用本方法。若对于小量载荷的变动，还有较简单的方法。

（二）稳性的变化及调整

1. 船内重物垂向移动

船内重物垂向移动，将引起船舶重心的垂向改变，从而导致初稳性高度的变化。由于重物移动前后船舶排水量不变，故稳心距基线高 KM 也未发生改变，因而重物垂移引起的初稳性高度改变量 δGM 在数值上等于船舶重心的垂向移动量。船内重物上移，船舶重心上移，GM 降低，稳性减小；船内重物下移，船舶重心下移，GM 增大，稳性增大。

重物垂向移动稳性改变的计算

船内重物垂向移动，将引起船舶重心的垂向改变，从而引起稳性高度的变化，其变化量为 δGM ，则有：

$$\delta GM = \frac{P \cdot l_Z}{\Delta}$$

式中　　P ——移动的重物重量；

　　　　l_Z ——垂向移动的距离。

2. 少量重物装卸

少量重物的装卸一般会改变船舶的稳性。对于渔船来说，在航行和作业过程中，不可避免地要出现载荷的变动，如航行中的油水消耗，作业中的渔获物增加等。作为渔船驾驶人员要密切注意载荷的变化引起的稳性变化。

少量装卸重物的稳性变化

如果装卸的重量 P 小于排水量的 10%，即 $P < 10\% \Delta$，可视为少量装卸。此时船舶的稳心距基线高度变化很小。假设初稳心高度 KM 不变，则变化后的稳性高度 G_1M 为：

$$G_1M = GM + \frac{P(KG - Z_P)}{\Delta + P}$$

式中　　KG ——装卸重物前的重心高度；

　　　　Z_P ——装卸重物的位置距基线的高度。

上式中的 P 装货取正值，卸货取负值。

由此可以看出，在装货前的重心高度以下装载重物，会使稳性高度增大；在装货前的重心高度以上装载重物，会使稳性高度减小。卸下重物正好相反，即在装货前的重心高度以下卸下重物，会使稳性高度减小；在装货前的重心高度以上卸下重物，会使稳性高度增大。如果在装卸前的重心高度处装卸重物，稳性将不改变。

当船上增加重量时，船舶的重心（G）总是移向重量增加的方向。

对于渔船，在甲板水平面以上增加重量会导致渔船的重心升高，造成稳性高度的下降，从而使稳性减小，如图 3-24 所示。

有很小或者没有稳性高度的船舶称为易倾船。易倾船会更容易发生倾斜，且不会很快回复到正浮状态，船舶的横摇周期会相对较长，如图 3-25所示。这种情况是很危险的，可以通过降低船舶的重心来纠正，比如将重物

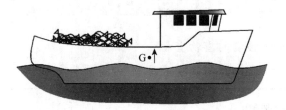

图 3-24   鱼货装载重心过高

尽可能放在船舶的底部。渔获物一般不应该放在甲板上，因为这样做会使船舶的重心（G）升高和稳性高度减小，将增加船舶倾覆的可能性。

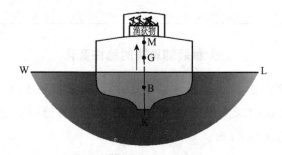

图 3-25   GM 值过小的易倾船

向低处增加重量会降低船舶的重心（G），从而增加船舶的稳性高度。如果重心过低，稳性过大，即有过大稳性高度（GM）的船舶称为过稳船。过稳船往往不容易发生倾侧，并且船舶的横摇周期非常短，摇得很厉害，如图 3-26 所示。

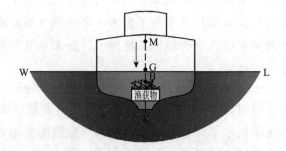

图 3-26   GM 值过大的过稳船

3. 初始横倾对稳性的影响及调整

当船舶受到内部的作用力，即船舶本身的重量力矩左右不对称时，出现的横倾称为初始横倾，如图 3-27 所示。初始横倾会减小船舶的稳性，当船舶继续向倾斜的一侧横倾时，受到的回复力矩要较无初始横倾时小。所以要尽量避免渔船出现初始横倾状态。

图 3-27　重量力矩左右不对称时的初始横倾

通过重物的水平横向移动或少量重物的装卸可以矫正初始横倾。例如，渔船出现向右的初始横倾，则可以将船上的少量重物向左舷移动，或者在左舷一侧增加重物、右舷一侧减少重物。如果采用增加重物来矫正初始横倾，增加的重物应在尽可能低的位置装载；如果采用减少重物来矫正初始横倾，应尽可能将位置高的重物卸下。

初始横倾角调整的计算

如果调整前船舶排水量为 Δ，初稳性高度为 GM。无论是横移船内重物还是装卸重物，如果要将船舶横倾角调为零，横移或装卸的少量重物 P 均由下式计算：

$$P = \frac{D \cdot GM \cdot \tan\theta}{l_y}$$

式中　　θ——初始横倾的角度；

l_y——对于横移重物取水平横移的距离；对于装卸重物取装卸重物的位置距船舶中纵剖面的水平距离。

（三）悬挂重量和自由液面对稳性的影响

1. 悬挂重量对稳性的影响

悬挂重量的重心可以看作是在悬挂点处（称为虚重心）。吊升出水后的渔网对船舶重心（G）的影响如同网具的重量在吊杆顶部的悬挂点处，如图3-28所示。

如果不在中纵剖面上，悬挂重量还对船舶施加一个横倾力，在恶劣的环境中会造成船舶倾覆。

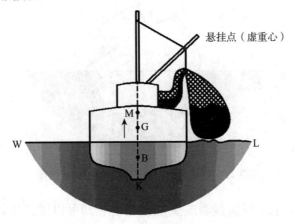

图3-28　悬挂重量的重心在悬挂点上

2. 自由液面的影响

对于装满液体的液舱，船舶横倾时液舱内的液体不会移动，就好像液舱内装的是固体一样，液舱装满的船发生倾斜时，液舱内的液体的作用和固体相似。当船舶发生倾斜时，液体的重心，即液体体积的中心将保持不变，因此不会改变船的重心和稳性高度。如图3-29所示。

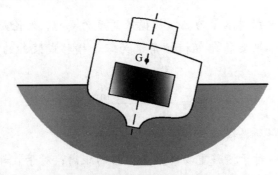

图3-29　液舱装满时液体与固体相似

而液舱未装满的船舶发生倾斜时，液体将设法与水线保持平行的状态。液体的重心，即体积中心，将随液体移动，这种可移动的液面称为自由液面。自由液面将对船舶的稳性产生相当大的影响，这种影响类似于在甲板上增加重量，即增加了船舶的重心高度，降低了稳性高度，从而影响船舶的稳性，如图 3-30 所示。

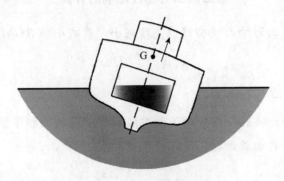

图 3-30　液舱未满液货会移动

　　未装满的液舱对渔船的稳性高度有很大的不利影响。用水密纵向舱壁将液舱分成均等的两部分，将减少对船舶的稳性高度的影响，相比未分舱的情况减少了 75％的影响，如图 3-31 所示。

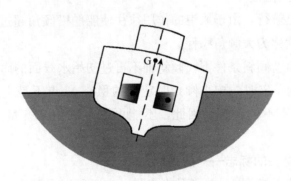

图 3-31　加纵向隔壁会降低液货移动对稳性的影响

　　自由液面的影响不都是未装满的液舱所引起的，还有可能是由甲板上的积水造成的。为了能使这些积水尽快排掉，船舶应该设有足够的甲板排水孔。可以安装拦鱼槽板以方便积水更容易流到甲板排水孔，并保持甲板排水孔不被堵塞。

　　减摇水舱会产生自由液面的影响，降低船舶稳性高度。因此，当船的稳性高度较小时，应当清空减摇舱，特别是减摇水舱有结冰危险的时候。

　　在任何时候，未装满的液舱的数量应尽量保持最少。空的液舱或满的液舱都不会有自由液面的影响，也就不会减小船舶的稳性高度。

自由液面对稳性影响的计算

由于自由液面影响而使初稳性高度减小，其减小值 δGM_f 可表示为：

$$\delta GM_f = \frac{\rho\, i_x}{\Delta}$$

式中　ρ——液体密度；

i_x——液舱柜内自由液面对液面中心轴的面积惯矩。

当存在多个自由液面时，δGM_f 可表示为：

$$\delta GM_f = \frac{\sum \rho\, i_x}{\Delta}$$

三、大倾角稳性与动稳性

（一）大倾角稳性

船舶在海上航行，由于风浪的作用往往使船舶横倾角超过 $10°\sim15°$，这时船舶的稳性就称为大倾角稳性。

船舶在大角度倾斜条件下，倾斜轴不再过初始水线面的面积中心，即漂心 F；当排水量一定时，按小倾角时定义的稳心 M 点不是定点，在不同倾角下稳心 M 具有不同位置。因此，不能再用 GM 值来衡量大倾角稳性的大小。

1. 大倾角稳性的标志——静稳性力臂

大倾角稳性用静稳性力臂 GZ 来表示，它不是一个不变的值，在一定的排水量和重心高度下，随着横倾角的变化而变化。GZ 值越大，说明在某一倾角下船舶受到的回复力矩就越大。GZ 值的计算比较复杂，需借助船舶资料中的稳性横截曲线来进行。

2. 稳性曲线（GZ 曲线）

稳性曲线是用图来表示船舶自身从各种倾斜角度下回复到平衡位置的复原力臂的大小。曲线有几个一般特征，如下几个特征值可以从图 3-32 中观察到：

①稳性高度（GM）；

②最大复原力臂（GZ_{max}）；

③稳性消失点（θ_v）。

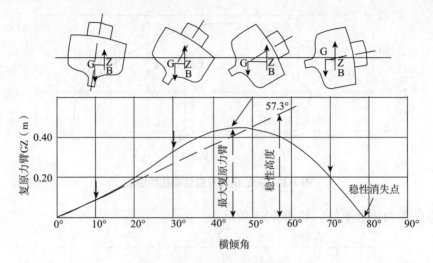

图 3-32　稳性曲线（GZ 曲线）

复原力臂曲线的形状取决于船体形状及其装载状态。在小倾角范围内，曲线的形状基本上贴近画到稳性高度（GM）的那条斜线（图中的虚线）。

3. 影响稳性曲线的因素

（1）重心高度　船舶重心的升高将引起稳性高度的降低，进而造成复原力臂的减小，如图 3-33 所示。

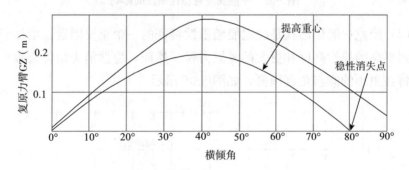

图 3-33　重心高度对稳性曲线的影响

如果船舶的重心（G）高于稳心（M），船舶将处于不稳定的平衡状态。船舶有负的 GM，也就不能处于正浮状态。船舶或将倾覆，或向某一侧倾斜一个角度漂浮，如图 3-34 所示。

（2）干舷　装货较少的船将会有更多的干舷并且复原力臂的值一般来说会更高，稳性消失角也会更大。也就是说，船舶在大倾角倾斜时回复到正浮

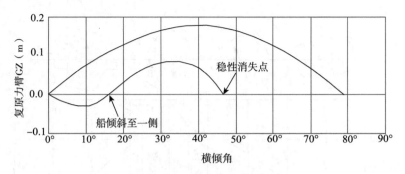

图 3-34　初始横倾对稳性曲线的影响

状态的能力也会更好，如图 3-35 所示。

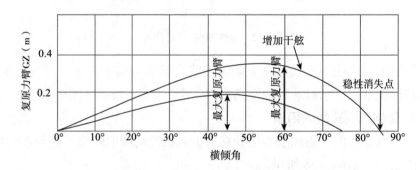

图 3-35　干舷高度对稳性曲线的影响

（3）**船宽**　船体形状是决定船舶稳性特征的一个重要因素。增加船宽可以得到更高的稳性高度和更大的复原力臂。然而，稳性消失角将会减小，即船舶将在更小的倾斜角度倾覆，如图 3-36 所示。

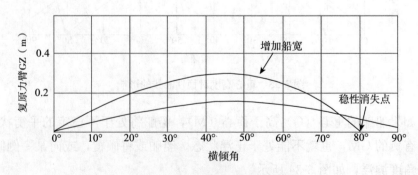

图 3-36　船宽对稳性曲线的影响

以上各因素中，对于特定的某一船舶，在一定的排水量情况下，其干舷和船宽都是确定的，也就是说，船舶驾驶人员无法改变。而船舶重心高度是能够通过适当的积载来控制的，所以渔船驾驶人员应该严格控制重心高度，以确保渔船的稳性安全。

4.一个航次间稳性曲线的变化

渔船的稳性在它的航次中是不断变化的，取决于船舶的装载和作业状态。图 3-37 至图 3-39 介绍了不同的作业状态下典型的稳性曲线。

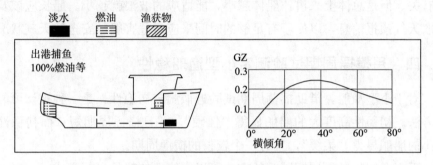

图 3-37　出港捕鱼时稳性曲线

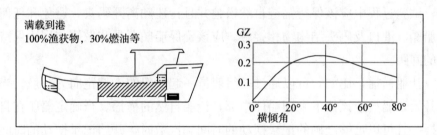

图 3-38　满载到港时稳性曲线

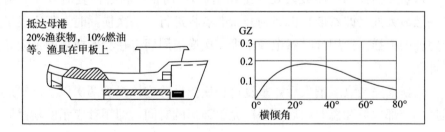

图 3-39　抵达母港时稳性曲线

（二）动稳性

动稳性是船舶运动（尤其是横摇）状态下的稳性特征，动稳性给船舶向某一侧倾斜一定角度提供能量，因此抵消了船舶的静稳性力矩。

动稳性的大小可以由某一横倾角时复原力臂曲线下的面积来确定。这个面积越大，动稳性就越好。

波浪力是导致船舶横倾的最常见的外力。波长短的陡波，特别是破碎浪，对小型船舶来讲是最危险的。船舶动稳性和波浪能量之间的关系是复杂的，例如，这与船舶相对于波浪方向的航行方向、相对于波浪速度的航行速度有关。但是总体上来讲，船体越小，能适应的波浪就越小。船长应该及时获取天气预报信息，以便于有足够的时间来应对危害船舶安全的天气状况。

四、用横摇周期试验测定小型渔船稳性

对于小型渔船，借助摇荡周期试验近似测定初稳性，是一种被认可的补充方法。初稳性高度大的船舶显得"僵硬"，并且横摇周期短；而初稳性高度小的船舶显得"柔缓"，且有一个较长的横摇周期。

下面介绍的横摇周期试验的方法可以由船上的船员自行完成。

1. 试验步骤

试验过程中应该保持锚链自然松弛并且让船舶离开码头，避免和任何其他船舶、港口及码头结构物相接触。应该确保船舶龙骨和舷侧与周边保持合理的间距。

让船横摇，比如，可以通过一组船员一起从船的一舷跑向另一舷。当横摇开始，船员应该停下来到船体中部，让船自然的横摇。当确定船舶在自然横摇并且可以足够准确的记录摆动的时间和次数时，开始记录摆动的时间和次数（横摇角在 2°～6°范围内）。

从船舶横摇到一侧最大处（比如左舷），向正浮状态回复时开始，通过另一舷最大处（即右舷）再回到开始的点将进行下一次横摇时，就完成了一个完整的横摇。使用计时器记录至少 4 次横摇周期，在船舶横摇的最大处开始计数。

当横摇完全衰减消失后，重复这种横摇试验应该至少两次以上。知道了横摇的全部次数和总时间后，一次完整横摇的时间，即用秒表示的横摇周期 T，就可以计算出来了。

2. 判定渔船是否具有足够的初稳性

对于小型渔船，当装载足够的燃油、备品、冰和渔具时，如果用秒作单位来测定的横摇周期 T，比用 m 作单位的船宽小，那么该船的初稳性可能

是足够的。

随着燃油、备品、冰和渔具等的减少，横摇周期 T 通常会增大并且船显得"柔缓"，结果初稳性也将会减小。如果横摇周期试验是在这种情况下进行的，要使初稳性的估计值符合要求。

3. 试验方法的局限性

这种方法并不适用大中型渔船或限制船舶横摇的船型，如有大舭龙骨的渔船；或者非常规设计的船，如高速渔船。

五、渔船的稳性标准

任何情况下，对船舶进行设计、建造和营运都应使船舶满足主管机关对船舶最小稳性的要求。下面是有甲板渔船的最低稳性标准的建议要求，如图 3-40 所示。

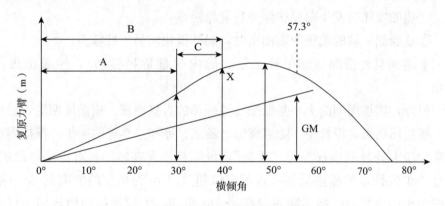

图 3-40　稳性要求的相关参数

A. 横倾角在 0°～30°之间复原力臂曲线下的面积应不小于 0.055m×弧度。

B. 横倾角在 0°～X°之间复原力臂曲线下的面积应不小于 0.090m×弧度。

C. 横倾角在为 30°～X°之间复原力臂曲线下的面积应不小于 0.030m×弧度。

X°为 40°或进水角 θ_f 中的较小者，θ_f 就是当船体、上层建筑或艏楼等处不能快速关闭的开口开始浸水时所对应的横倾角度。

D. 对单层甲板渔船来说，初稳性高 GM 不应该小于 0.35m。具有完整上层建筑的船舶的初稳性高度可以按主管机关的要求适当降低，但任何情况下都不得小于 0.15m。

E. 最大复原力臂 GZ_{max} 所对应的横倾角最好大于 30°，但至少不应小于 25°。

F. 在横倾角大于或等于 30°时，复原力臂应不小于 0.20m。

对于小型渔船，复原力臂 GZ 可以按主管部门的要求适当减小，我国《渔业船舶法定检验规则》对此有具体说明。但减小的值不能超过 2（24－L）％，这里的 L 指的是船长，是按照联合国粮食与农业组织/国际劳工组织/国际海事组织的《小型渔船设计、建造和设备建议指南》（2005）来确定的。

六、稳性不足时的征兆与应急

稳性的好坏会在船舶的运动特征中反映出来。航行中稳性不足的主要征兆有：

①船舶在较小的风浪中航行时，横摇摆幅较大，摇摆周期较长；

②船舶操舵时发生明显横倾并且复原缓慢；

③从船舶一舷的舱柜使用油水时，船体很快向另一舷倾斜；

④遇到意外情况（如甲板上浪、舱内少量货物移动），船舶出现永倾角。

另外，横摇周期的大小是船舶稳性好坏的直接表现。横摇周期短，稳性大；横摇周期长，稳性小。随着燃油、备品、冰和渔具等的减少，横摇周期通常会增大并且船横摇显得"柔缓"，说明初稳性在减小。对于小型渔船，以秒为单位计量的横摇周期 T，不应该超过以 m 为单位的船宽的 1.2 倍。我国中小型渔船的横摇周期一般在 4～8s 范围，大型渔船的横摇周期可超过 10s。

如发现稳性不足，应立即采取应急措施降低重心高度，例如，将重货向下移动。情况紧急时，可以将甲板上或高处的货物（包括渔获物和渔具）抛入海中以降低船舶重心。

七、确保渔船稳性的措施

下面介绍一些可以用来确保渔船稳性的预防措施。

1. 密闭上层建筑和密闭方式

船舶通常被舱壁分为不同的舱室，以减少水从船舶一个部位流到其他部位而对船舶造成的影响，如图 3-41 和图 3-42 所示。

船上有舱口盖、门道、舷窗和舷窗盖、通风口和其他开孔。通过这些

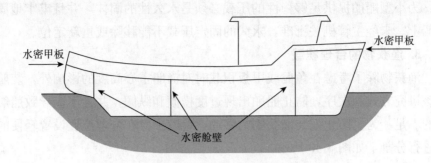

图 3-41 水密甲板及舱壁

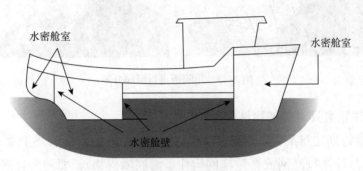

图 3-42 水密舱室

孔，海水可以进入船体或者是甲板室、艏楼等。在恶劣的天气条件下这些开孔都应该关闭。

因此，所有用来关闭和固定这些开口的装置都应该维持在良好的状态，并且定期检查。

所有通向燃油和淡水舱的通气管都应该采取合适的保护措施，测深管也应该保持在良好的状态，并且在不用时牢固地关闭。

当船舶由于外力作用而处于一个大倾角时，船舶一大部分浮力以及由此产生的船舶回复到正浮状态的能力，都来自于密闭的上层建筑。为了能够提供浮力，这些封闭的上层建筑必须安装合适的密闭装置，并保证其维护良好并且能可靠关闭。

2. 重载荷的安全操作

所有的渔具和其他重的物品都应该合理的存放，放置在船舶的低处并防止移动；如果放得太高（如放在驾驶室的顶层）将会降低船舶的稳性。

为小型船舶提供足够稳性的压载必须是永久性的固体，并且牢牢地固定在船上。未经主管机关批准，永久的固定压载不能移除或重新定位。

3. 渔获物的合理积载

渔获物除了考虑在鱼舱或甲板积载时对渔船重心高度的影响外，装舱时应该讲究方式和次序，防止船舶出现过度横倾和纵倾，并且不应导致船舶干舷的不足。为了防止散装渔获物的移动，鱼舱中应在合理位置设置轻便的隔板进行分割，如图 3-43 所示。

图 3-43　用隔板进行纵向分隔

4. 注意渔具对船舶稳性的影响

应当特别注意的是，当来自渔具的拉力对船舶稳性有不利影响的时候（如滑轮吊杆拖拉渔网或者是拖网钩住了海底障碍物），要使来自渔具的拉力尽可能地作用在船体较低的点上。尤其是船舶被渔具拉紧束缚时，应格外注意。当渔具拉力引起的横倾力矩大于回复力矩（静稳性力矩）时，将导致船舶倾覆。

增加横倾力矩导致船舶存在倾覆危险的因素包括：

①重型渔捞设备，大功率的绞车和其他甲板设备；

②渔具拉力的作用点过高；

③需要过大的推进功率（拖网）；

④恶劣的天气条件；

⑤船舶被渔具拉紧束缚。

5. 尽量减少自由液面的影响

应确保甲板上积水能够快速排出，关闭甲板排水孔是非常危险的。如果关闭装置是固定的，那么开启装置应随时方便得到。当主甲板上用拦鱼槽板来装载甲板渔获物时，在槽板之间应该有大小合适的开孔，允许水流可以到达甲板排水孔，从而避免甲板积水。

没有完全装满的液舱会造成危险，尽量减少未满液舱的数量。应当留意放置在露天甲板上的空鱼箱，因为水可能会留在里面，因此会减小船舶的稳性，增加倾覆的风险。必须牢记，用泵从一个液舱到另一个液舱移驳油水来纠正船舶的倾斜时，液舱出现的自由液面会降低船舶稳性。

6. 保持足够的干舷

在任何的装载状态下都应保持足够的干舷，如果适用的话，任何时候都应严格遵守载重线规则。减小干舷，复原力臂的值将会更小，稳性消失角也会变得更小。也就是说，渔船从大横倾角回复到正浮状态的能力将会更小。

7. 注意顺浪和尾斜浪对稳性影响

对于顺浪和尾斜浪带来的危险，全体船员都该引起警觉。当船舶的航向和航速与波浪的方向和速度接近时，稳性会大幅度削弱。如果发生过度的横倾或艏摇（船首向改变），航速应当减小，同时（或者）改变航向。

8. 消除结冰对稳性的影响

结冰将增加船舶排水量并减少干舷，重心（G）将会上升，稳性高度将会下降，从而导致船舶稳性的降低。上部结冰还会导致船舶受风面积增加，因此风压倾侧力矩也会变大，如图 3-44 所示。

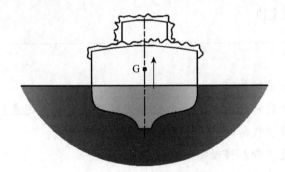

图 3-44 结冰对稳性影响

结冰形成的因素包括：

①船体结构上的积水，这些积水来自波峰形成的冲击和船舶自身产生的喷溅。

②降雪、海雾（包括低温下的海面雾气）和雨水在周围温度急剧下降时落在船体上结冰。

③浪使海水滞留在甲板上。

关注天气预报和结冰预警，如果可能的话应尽可能避开这些海域。如果无论采用什么办法船舶都不能离开这个结冰的危险区域，就应该采取任何可行的措施去除船体上的结冰。

船体上大面积的结冰都应去除，从上层建筑开始，因为即使这些区域少量的结冰也会导致船舶稳性的急剧恶化。甲板排水孔和排水口处的冰冻一旦形成，就应尽快去除，以确保甲板积水及时排掉。当结冰分布不对称使船舶出现倾斜时，应首先去除较低一舷的结冰。

9. 保证船舶改装后的稳性

当渔船进行改装时，它的稳性将会受到影响，在动工之前应该获得主管机关的批准。

改装一般包括以下几个方面：

①改变作业方式；

②改变船舶的主尺度，如加大船长；

③改变上层建筑的尺寸；

④改变舱壁的位置；

⑤改变渔船的密闭装置，致使水能进入船体内、甲板室或艏楼等；

⑥去除或移动部分甚至全部永久固定压载；

⑦改变渔船主机。

思考题

1. 怎样确定渔船载重量？

2. 在货物积载时总纵强度会出现哪两种损伤？如何避免？

3. 装卸或移动载荷时吃水差有何变化？

4. 如何通过装卸和移动货物改变船舶纵倾？

5. 船舶的 3 种平衡状态是什么？

6. 船舶稳性有哪几种分类？

7. 船舶初稳性的标志是什么？

8. 重物垂向移动对稳性有何影响？

9. 船上装卸少量重物，稳性将如何变化？

10. 大倾角稳性用什么来衡量？

11. 什么是稳性曲线？

12. 影响稳性曲线形状的因素有哪些？

13. 怎样理解动稳性的概念？

14. 稳性不足会有哪些征兆？

15. 横摇周期与稳性有什么关系？

16. 稳性越大越安全吗？

17. 悬挂载荷对渔船稳性有何影响？

18. 什么是自由液面？自由液面对稳性有何影响？

第四章　渔船操纵设备

本章要点： 锚的组成及作用、锚的种类与特点、锚设备的检查与保养、系缆的作用与配备、舵的种类与结构及螺旋桨的种类和特点。

渔船设备种类繁多，其中与渔船船艺和操纵密切相关的有锚设备、系泊设备、舵设备和推进设备。对这些主要操纵设备的了解，是正确合理操纵渔船的首要前提。

第一节　锚　设　备

一、锚设备的组成及作用

锚设备是指船舶在抛、起锚时所用的设备和机械的总称，主要由锚、锚链、锚链筒、制链器、锚机、锚链管、锚链舱和弃链器等组成，其布置如图4-1所示。

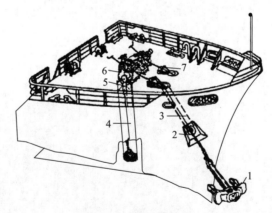

图4-1　锚设备的组成

1. 锚　2. 锚穴　3. 锚链筒　4. 锚链舱　5. 锚链管　6. 锚机　7. 制链器

锚设备的主要作用包括系泊用锚、操纵用锚和应急用锚。

1. 系泊用锚

是指渔船在避风、作业和等待装卸渔货时，需要在避风锚地、渔场或港口锚地停泊，利用锚抓力以及锚链的重量将船停住，以抵抗水流、风力和波浪的作用。

2. 操纵用锚

是指渔船在岛礁区、狭水道及船舶密集区航行时，抛锚协助调头或转向；靠离码头时，抛锚有利于控制船身和余速。操纵用锚一般松链不长，主要起到阻滞作用，不要求锚完全抓牢。

3. 应急用锚

是指当渔船坐礁或搁浅时，可用锚稳定船身，或在搁浅方向抛开锚，绞收锚链帮助脱浅；渔船操纵过程中，当主机、辅机、舵机等关键性操纵设备发生故障时，可抛锚将船停住，保障安全。

二、锚的种类与特点

锚的种类很多，各国根据锚的特点，制定了各自的分类标准。一般都按有无横杆、锚爪可否转动、抓重比大小和锚的用途进行分类，这里仅对渔船常用的锚进行介绍，如图 4-2 所示。

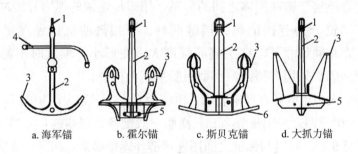

a. 海军锚　　b. 霍尔锚　　c. 斯贝克锚　　d. 大抓力锚

图 4-2　锚的种类

1. 锚卸扣　2. 锚柄　3. 锚爪　4. 锚杆　5. 销轴　6. 锚冠板

1. 有杆锚

有杆锚也叫海军锚，锚柄与锚爪为一整体，锚杆是活动的，锚爪固定不能转动。它的优点是结构简单、抓力较大、抓底稳定性好，适应各种底质。缺点是操作不便，露出泥土朝上的锚爪易缠住锚链，浅水中易划破船底。所以有杆锚多用于小功率渔船或帆船。

2. 无杆锚

无杆锚也叫山字锚，是船上用得最普遍的一种锚。常见的无杆锚有霍尔锚和斯贝克锚。

（1）**霍尔锚**　锚柄是锻钢的，锚爪是铸钢的，无横杆。锚爪和锚冠可以绕穿过锚柄下端孔的销轴转动，锚爪可以向左右转动各约为 45°。锚冠两侧设有助爪突角，抛锚时能促使锚爪啮土。它的优点是操作简便，两只锚爪直接插入土中，不会绞缠锚链。缺点是构造较复杂，抓力较小，转流时易耙松泥土而引起走锚。

（2）**斯贝克锚**　是霍尔锚的改良型，其锚头的重心位于销轴中心线的下方，收锚时其锚爪自然向上，且一接触船壳即翻转，不会损伤船壳板。斯贝克锚的特点是锚冠大、重心低、易入土、稳定性好，可收入锚链筒，不会纠缠锚链，不会伤害他船。

3. 大抓力锚

抓重比大，多用于工程船、滚装船或超大型船。

还有一些形状和用途比较特殊的特种锚，因其不常用于渔船，在这里不做介绍。

三、锚链

锚链是连接于锚和船体之间的链条，用来传递锚的抓力和缓冲船舶所受的外力。锚链分为有挡链和无挡链两种。有挡链的抗拉强度比无挡链大 20%，且在相同尺寸下，有挡链的强度大，变形小，堆放时不易绞缠。因此，大型渔船都采用有挡链，小型渔船采用无挡链。

锚链的大小用链环直径来表示，单位为 mm。长度以节为单位，每节链长 27.5m，我国习惯上采用每节 25m。渔船一般配备 2 根锚链，习惯上左锚链 8 节，右锚链 9 节。锚链与锚链之间用连接链环连接起来，在第一节锚链前加上一段锚端链节，包括一个转环，防止锚链扭结，然后用锚卸扣与锚环相连。在锚链最后一节加上一段末端链节，也包括一个转环，然后与弃链器相连。

为确切掌握锚链抛出或绞入的节数，须在各节锚链上标记记号。具体标记方法为：第一节与第二节之间的连接卸扣前后的第一个有挡链环的横挡上，各缠以金属丝，并涂上白漆。第二节与第三节之间的连接卸扣前后第二个有挡链环的横挡上各缠以金属丝，并涂上白漆，其余各节以此类推。从第六节开始又按第一节同样方法标记，最后一节，即末端节，全部涂上白漆，以醒目标记作为危险警示。

为进一步凸显渔船特性，适应渔船作业特点，自 2015 年 7 月 1 日起允许使用钢丝绳替代锚链。

四、锚机与附属设备

锚机是抛、起锚时松、绞锚链和靠泊时绞收缆绳的机械装置，其主要部分是一根由机器带动的主轴，主轴两端紧固着绞收缆绳的滚筒，两滚筒的内侧是绞松锚链的链盘，链盘通过离合器与主轴发生离或合的关系，便于使用和操作。链盘的一边装有刹车装置，用以控制松、绞锚时的速度。

锚机按动力的不同分为人力、蒸汽、电动和电动液压等；按锚机链轮轴的布置可分为卧式锚机和立式锚机。目前大型渔船采用电动或电动液压锚机，如图 4-3 所示。锚机的最大拉力应不低于 5 倍锚重。当锚破土后，单锚收绞速度不小于 12m/min。

图 4-3 锚 机

锚机附属设备包括锚穴、锚链筒、制链器、锚链管、锚链舱与弃链器等。

五、锚设备的检查与保养

①锚与锚链应保持清洁，锚链在锚链舱内应排列整齐，平时应轮流使用左、右锚。

②对锚机及附属装置应经常检查：除锈并涂油漆、润滑加油，保持运转部位运转灵活，刹车良好；使用前应将离合器脱开，主轴空转试车；当锚抛出或收上后，应把制链器关上收紧。

③定期检查锚爪、锚冠和锚销的磨损程度，链环和卸扣是否发生裂缝或变形、松动现象；当有挡环长度超过原长 7%，无挡环、卸扣长度超过原长 8% 时，就不能使用。

④利用大、中修期间，对锚设备进行彻底检查，将连接链环拆开，更换销钉及铅封；将锚端锚链与末端锚链对调，使各节锚链均匀使用，并做好记录。

第二节 系泊设备

一、系泊设备的组成

系泊设备是指将船系靠于码头、浮筒、船坞或邻船的设备。系泊设备主要包括系缆、缆桩、导缆装置、缆车和附属设备等。

1. 系缆的名称、配备与作用

系缆应具有强度大、质量轻、弹性好、耐腐蚀、耐摩擦、不易扭结等特点。各种常用系缆的特性见表 4-1。

表 4-1 系缆的特性

绳索名称	断破力 R	每百米重量（kg）	伸长率（%）	备注
白棕绳	$50C^2$	$0.75C^2$	8	C＝缆绳周径
尼龙绳	$150C^2$	$0.62C^2$	25	（in）
钢丝绳	$400C^2$	$3.00C^2$	1	d＝链条直径
链条	$3800C^2$	$225d^2$	22	（mm）

其中，尼龙绳重量轻、抗拉性能好、柔软，常作为系船缆。钢丝绳强度大、耐磨、价廉，作辅助系缆。链条拉断力大、耐磨，用于长时间停泊或用在大风中系缆。

系缆对于船舶操纵和保证停泊安全极为重要，系缆应根据《钢质船舶入级与建造规范》规定的标准配备，其名称如图 4-4 所示。一般每艘远洋渔船上应配备一根拖缆。渔船上通常应配备至少 8 根缆绳，一般情况下，船舶要使用 6 根缆绳，备用 2 根缆绳。在台风、强烈寒潮袭击或强风急流时，应至少在船首、船尾各增加一根加强缆绳。

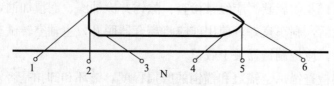

图 4-4 系缆分布与名称
1. 艏缆 2. 艏横缆 3. 艏倒缆 4. 艉倒缆 5. 艉横缆 6. 艉缆

各缆绳作用如下：艏缆和艉倒缆是防止船舶后退和船首向外偏转；艉缆和艏倒缆是防止船舶前移和船尾向外偏转；艏、艉横缆是防止整个船体向外横移。

2. 导缆装置

为使缆绳经过船舷通向船外时，尽量减少磨损及不至于因急剧弯折而增加缆绳所受的应力，在船首尾及两舷都设有导缆装置，如导缆钩（孔）、导向滚轮、导缆钳。导缆装置的形式如图 4-5 所示。

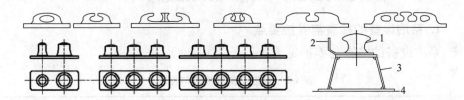

图 4-5　导缆装置

1. 卷筒　2. 挡角　3. 基座　4. 甲板

3. 缆桩

在导缆装置附近设有挽缆绳用的缆桩，缆桩类型有直式、斜式、十字式及系缆羊角等。后两种主要用于较小的缆绳，如图 4-6 所示。

直式缆桩　　　　　　　斜式缆桩　　　　　　　双十字缆桩

图 4-6　缆　桩

4. 缆车

缆车是卷收存放缆绳的装置。它主要由卷缆用圆筒和支承圆筒的座架组成。摇动手柄或转动扶手即可将缆绳松出或卷上，脚踏刹车则用于控制卷缆车的转速。

5. 附属设备

附属设备包括撇缆绳、碰垫、制索绳或链和挡鼠板。撇缆绳为一根细绳，绳的前端是有一定重量的撇缆头，船靠码头时，从船上抛给码头带缆工人，作为往码头送缆的索引绳。碰垫俗称靠把，是用绳纺织的，其内填有软木或棕丝等软性物质的球形物，船舶靠码头时，用于缓冲船体与码头的撞击和摩擦，以保护船舷。制索绳或链是船舶系泊时，用于临时在系缆上打结，以承受缆绳拉力的专用索具，制索绳用于纤维绳子，制索链则用于钢丝绳。挡鼠板一般由木板、薄钢板或塑料板制成，船舶系靠码头时，为了防止鼠类沿着缆绳来往，系缆带好后要挂上挡鼠板。

二、系泊设备的检查、保养和使用注意事项

1. 系泊设备的检查与养护要点

系泊设备的检查与养护见表 4-2。

表 4-2　系泊设备的检查与保养

序号	名称	养护周期	检查要点	养护要点
1	钢丝绳	3 个月	锈蚀和断丝情况，绳内油芯含油量	除锈上漆，断丝超过规定的换新或插接
2	植物纤维缆	3 个月	外表磨损情况，股内是否有霉点	洗净晾干后收藏，股内发黑者不能用
3	合成纤维缆	3 个月	外表磨损情况（测量粗细）	洗净晾干后收藏
4	绞缆机械	3 个月	刹车是否可靠，离合器是否灵活，卷筒损坏、磨耗、腐蚀情况，操纵器的水密情况	失灵的换新或修理，活络处加油，自动装置失效的应及时修复
5	缆索卷车	6 个月	外壳、底脚螺栓锈蚀情况，卷筒轴是否活络	除锈油漆，加油润滑
6	导缆钳导向滚轮	6 个月	本体锈蚀、磨损情况，滚筒是否活络，不活络的可能销轴弯曲	除锈油漆，做好磨损记录，加油润滑，销轴弯曲应修理
7	系缆桩导缆孔	6 个月	锈蚀，磨损	除锈油漆，做好磨损记录
8	制缆装置	每航次	甲板眼环是否锈蚀、磨损，链（索）是否变形、腐蚀和磨损	除锈油漆，磨损变形严重的换新
9	撇缆、靠把、挡鼠板	每航次	是否齐全和损坏	丢失补充，损坏换新

2. 使用注意事项

①系解缆时，人员严禁站在缆绳圈中或两脚跨住缆绳，持缆人员与绞缆机滚筒或缆桩的距离应在 1m 以上，不要靠近张紧的缆绳。

②使用前检查缆绳和制索的磨损程度，带缆前整理好缆绳。

③听从驾驶台指挥，船首尾配合，及时报告船首、船尾的空挡和带缆情况。

④注意缆绳受力情况，防止缆绳崩断伤人。

第三节　舵设备

舵设备是船舶保持和改变航向的主要设备。船舶航行时，通过操舵装置转动舵叶，使水流在舵叶上产生横向作用力，为船舶提供回转力矩，从而使船舶保持航向或回转。舵设备主要由操舵装置、传动装置、转动装置和舵装置等部分组成。

一、舵的种类与结构

1. 按舵叶剖面形状分类

(1) 平板舵　舵叶由金属板或木板制成，结构简单，阻力较大，仅用于机帆船及小型渔船。

(2) 流线型舵　舵叶以水平隔板和垂直隔板作为骨架，外覆钢板制成水密的空心体，水平剖面呈流线型，阻力较小，舵效较高，目前被渔船广泛采用。

2. 按舵杆轴线在舵叶上的位置分类

(1) 平衡舵　舵杆轴线位于舵叶的前后缘之间，在舵杆轴线之前的舵叶面积称平衡部分，占舵叶总面积的 1/4～1/3，这种舵减少了转舵力矩，所需的舵机功率相应减少。因此在渔船上得到广泛应用，如图 4-7a 所示。

(2) 不平衡舵　又称普通舵，舵轴位置在舵叶前端，这种舵需用较大的转舵力矩，适用于小船，如图 4-7b 所示。

(3) 半平衡舵　其上部为不平衡舵，下部为平衡舵，适用于艉柱形状较复杂的船舶，如图 4-7c 所示。

3. 按驱动动力分类

按驱动动力可分为人力舵设备、液压舵设备和电动液压舵设备。其中，

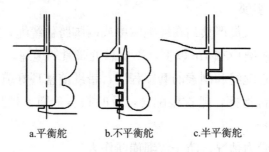

a.平衡舵　　　b.不平衡舵　　　c.半平衡舵

图 4-7　舵的类型

电动液压舵设备具有体积小、重量轻、转矩大、灵敏度高、运转噪声低、振动小等特点，工作平稳可靠，能缓冲风浪对舵叶的冲击，所以现代化的大、中型船舶上，包括渔船，广泛采用电动液压舵设备。

二、操舵装置

操舵装置是指将舵转至所需角度的装置。主要由船舶艉部的舵机、驾驶台内的操纵装置及传动装置组成。舵机是转动舵的机械，有电动舵机和液压舵机两种，现代渔船大多采用液压舵机。操纵装置是使舵机能按照驾驶者的意图将舵转到所需舵角的装置，有电力式、液压式和机械式等多种。传动装置是连接舵机和操纵装置的，一般都有两套独立的操纵系统，分别称为手柄操舵和随从操舵，当一套操舵系统发生故障后，立即可以转换到另一套操舵系统。

三、自动舵

自动舵又称自动操舵装置，是一种能自动控制舵机以保持船舶按规定航向航行的设备。它是在通常的操舵装置上加装自动控制部分而成，并可根据海况、船舶装载等客观情况调节自动舵，具体如下。

1. 灵敏度调节（天气调节）

在良好海况下可调高些，保持航向精度；反之，在恶劣海况下应调低些，否则舵机频繁启动，不断工作而容易损坏。

2. 舵角调节（比例调节）

应根据海况、船舶装载情况和舵叶浸水面积等不同情况来调节，海况恶劣、空载、舵叶浸水面积小，应选用高挡；风平浪静、船舶操纵性能好时，应选用低挡。

3. 反舵角调节

主要为微分调节，大船、重载、旋回惯性大时，微分要调大；反之海况恶劣，微分要调小或调至 0。

自动舵可减轻舵工劳动强度，提高航向保持的精度，从而相应缩短航行时间和节省能源，使经济效益更好。但是自动舵只是在船舶驶出港口后，不必经常转向的情况下才使用，而在船舶进出港、过狭水道、避让、雾航、大风浪天气、航行于渔区、岛礁区等复杂海区时，都要使用随从操舵，即手动操舵。当从随从操舵改为自动舵时：

①注意分罗经刻度应与主罗经刻度一致，夜间应将面板的照明亮度调亮至恰当程度。

②将灵敏度调高些。

③手操舵使船首正好在要求的航向上，将选择开关从"随动"转至"自动"。

④根据具体情况调节各调节旋钮，使其配合得当，具有最好的航向稳定性。

四、舵设备的检查、保养和试验

①检查电动操舵装置的绝缘和触点情况，用不带毛的细布清洁。自动部位要检查其灵敏度。液压系统要检查管系是否有泄漏。

②利用轻载干舷高时查看舵叶、舵杆及连接法兰各部位的磨损情况，尤其是经过大风浪、冰区航行、脱浅或其他海事后，更应特别仔细查看。

③每半年检查备用操舵设备的活动部件，并作转换试验，保证其性能良好。液压系统每年或检修后，应整个彻底清洗一次，清除锈蚀污垢等。

④舵机间不准放置杂物，保持清洁、干燥，防止电机受潮。活动部件要加润滑油，船舶停靠后，要关闭电源或打开油压操舵器的旁通阀。

⑤每次开航前，值班驾驶员应会同值班轮机员试验舵机，并查看转舵装置是否运转正常，核对舵角和舵角指示器的误差情况。

第四节 推进设备

推进设备是指推动船舶前进的机构。它是把自然力、人力或机械能转换成船舶推力的能量转换器。船舶推进器种类很多，按作用方式可分为主动式和反应式两类，靠人力或风力驱船前进的纤、帆等为主动式，桨、橹、明轮、喷水推进器、螺旋桨等为反应式。按照原理不同，有螺旋桨、喷水推进器、特种推进器。现代船舶大多采用反应式推进器，渔船应用最广的推进器是螺旋桨。

一、螺旋桨的种类

螺旋桨是船舶的主要推进设备。按其旋转方向分为右旋式和左旋式两种：从船尾向船首方向看，在正车时，螺旋桨顺时针方向旋转的称为右旋式，逆时针方向旋转的称为左旋式。一船仅装一只螺旋桨称为单车船，装有两只螺旋桨的船称为双车船，渔船多数为右旋单车船。

1. 固定螺距螺旋桨（定距桨）

定距桨的桨叶是固定的，船舶倒车时必须通过倒转离合器或改变主机的旋转方向使螺旋桨倒转。如图 4-8 所示。定距桨坚固、不易受损，停车意味着螺旋桨停止转动，靠、离泊位过程中不致影响附近系泊船只，也可避免缠绕系泊用缆。

图 4-8　定距桨

定距桨渔船为充分发挥主机功率，满足自航与拖航两种工况，需要在定距桨和主机之间安装多速比减速齿轮箱。

2. 可调螺距螺旋桨（调距桨）

调距桨通过设置于桨毂中的操纵机构，转动桨叶位置来调整螺距，以实现船速的增减及船舶正倒车，如图 4-9 所示。

图 4-9　调距桨

调距桨的主机只向一个方向旋转，不需要倒转离合器或改变主机的旋转方向来实现倒车。在定速控制模式下，停车仅指螺距为零，不产生推力，但螺旋桨依然在旋转，因此，在离、靠泊操纵中极易绞缠系泊用缆。此外，调距桨造价高、维护保养复杂，且一旦液压部分出现问题，有可能产生油污染。

相对于定距桨，调距桨具有如下优点：

①可驱动船舶以任何速度行驶，在不停主机的情况下，保持船舶以很低速度行驶。

②正车和倒车的转换时间短，主机功率发挥充分，推进效率得到提高。

③能以最大倒车功率倒车停船。

④仅桨叶部分损坏时易于更换。

⑤对桨叶负荷变化的适应性好，满足渔船自航与拖航两种工况，在渔船和拖船上应用较多。

3. 导管螺旋桨

导管螺旋桨即在螺旋桨的外围加装一个导流罩，导流罩与螺旋桨组成统一体，称为导管螺旋桨，如图 4-10 所示。导流罩可以增加螺旋桨的推力，减少噪声和振动，减少空泡和空泡剥蚀效应等作用。导管螺旋桨在渔船上应用较多。

图 4-10　导管螺旋桨

二、其他种类的推进器

1. Z 型推进器（舵桨）

Z 型推进器的主要特征是螺旋桨能像舵一样转动，甚至能 360°旋转，将螺旋桨的推力全部有效作用于 360°任意一个方向，既起到推进器作用，又具有舵的作用，如图 4-11 所示。

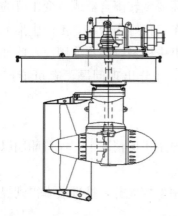

图 4-11　舵　桨

　　Z 型推进器的进、退转换迅速，倒航推力与进航推力基本相当。同时，通过其左、右方向的转动，起到舵的作用。装配 Z 型推进器的船舶操纵性能好，广泛用于拖船。

2. 360°全回转对转舵桨

　　这是一种高效、节能、降噪、新颖的 Z 型船舶推进装置，是对传统船用舵桨的一次革命性变革，如图 4-12 所示。

图 4-12　全回转对转舵桨

　　它具有比传统船用舵桨无可比拟的三大特点，一是使用对转桨装置，该装置可提高航速 10%～20%，提高推进效率 8%～10%，可节省燃料 5%～10%。二是采用 360°全回转，船舶调头灵活，原地回转、倒车快，操纵方便，航行安全，且舵桨合一，重量轻，拆装方便，还可节约 40％左右钢材。三是该装置解决了环保难题。

3. Azipod（阿匹派德）吊舱式电力推进系统

这种推进系统的螺旋桨和推进电机共轴，两者之间没有任何其他环节，结构简单、紧凑，通常制成一个独立的推进模块安放于船壳外，如图 4-13 所示。

图 4-13 吊舱式电力推进系统

它可以在船舶试航前安装，甚至可以在海上进行装卸。电力推进是使用新型能源如燃料电池等的最佳平台。Azipod 吊舱式电力推进系统已成为大型豪华游轮的标准配置。

4. 平旋推进器

这种推进器与通常的螺旋桨运动形式不一样，它的每个叶片都垂直装在船尾（也有在中部、前部的）底部可旋转的圆盘上，并能绕垂直轴作水平方向旋转和自转，如图 4-14 所示。

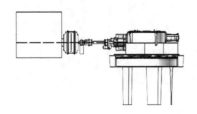

图 4-14 平旋推进器

推力可以是任意方向的，当推力是向左右方向时，推力就是舵力，起到舵的作用，该推进器的特点是：主机不须反转，操纵性能特别好，但是推力小，推进效率低，结构复杂。仅用在特种船舶和操纵性能特别高的船上。

1. 渔船的操纵设备主要包括哪些？

2. 锚设备由哪些组成？

3. 锚都有哪些作用？

4. 锚链如何标记？

5. 系泊设备由哪些组成？

6. 渔船上的缆绳一般情况下都有哪些？

7. 自动舵如何使用？

8. 螺旋桨分为几种？各自的特点是什么？

第五章　渔船操纵性能

本章要点：航向稳定性、船舶保向性、首摇抑制性、初始回转性、旋回性、停船性能、舵力、舵效、螺旋桨横向力、车效应。

渔船操纵的安全性与准确性主要受制于人员、船舶、外部环境等三方面的影响。人员作为船舶操纵中的主观因素，只有掌握船舶、外部环境等客观因素在船舶操纵中的作用及影响，才能正确操纵船舶和准确地控制船舶的运动。尽管船舶的性能各不相同、外部环境千差万别，但是，均可概括总结出基本的操纵性能供船舶驾驶人员参考。这些操纵性能从船舶方面来讲，是船舶的保向、改向、变速性能以及舵效应和车效应；从外部环境分析，则在于船舶操纵性能在流、风作用下的响应。

本章在讲解船舶基本操纵性的基础上，分别论述舵、车、流和风 4 方面因素对船舶操纵的影响，从而使操纵人员可以合理使用车、舵；有效利用风、流，达到安全可靠操纵船舶的目的。

第一节　船舶的直线运动性能

船舶直线运动性能指船舶沿直线航行的性能，包括航向稳定性和船舶保向性。

一、航向稳定性及其影响因素

（一）航向稳定性

航向稳定性是指静水中直线航行的船舶，受风、浪、流等外力的瞬时干扰而偏离初始航向，当干扰消失后，不需要操纵，船舶自动稳定在某一新航向上做直线运动的性能。

当外界干扰消失后，船舶可能的运动状态有以下 4 种情况：

1. 直线稳定

当干扰消失后，不需要操纵，船舶最终稳定在一个新的航向上作直线运动，称为船舶具有直线运动稳定性，如图 5-1 所示。

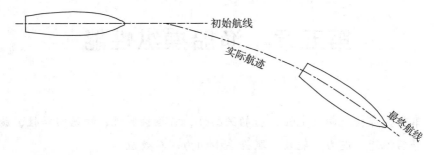

图 5-1　直线稳定

2. 方向稳定

当干扰消失后，不需要操纵，船舶最终恢复沿初始航向在新航迹上作直线运动，新航迹与原航迹存在一个横向偏移量，称为船舶具有方向稳定性，如图 5-2 所示。

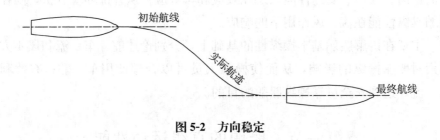

图 5-2　方向稳定

3. 位置稳定

当干扰消除后，不需要操纵，船舶最终恢复沿初始航向和原航迹的延伸线作直线运动，新航迹与原航迹不存在横向偏移量，称船舶具有位置稳定性，如图 5-3 所示。

图 5-3　位置稳定

4. 不具备直线运动稳定性

当干扰消除后，船舶最终进入一个旋转运动，无法恢复到直线运动，称船舶不具备直线运动稳定性，如图 5-4 所示。

上述 4 种船舶运动状态中，要实现方向稳定性，一般需要通过人工操舵

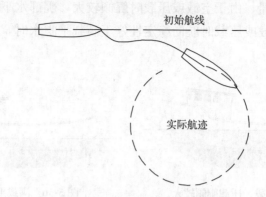

初始航线

实际航迹

图 5-4　不具备直线运动稳定性

或使用自动舵进行控制；要实现位置稳定性，需要人工操舵加定位或航迹舵予以控制；船舶在航行中如不加以操纵，一般不具备方向稳定性和位置稳定性，仅具有直线运动稳定性，对某些性能差的船可能还不具备直线运动稳定性。

直线运动稳定性或不具有直线运动稳定性均属于船舶固有的运动性能，具有直线运动稳定性的船舶称为具有航向稳定性；不具有直线运动稳定性的船舶则不具有航向稳定性。

（二）航向稳定性的判别

船舶航向稳定性的好坏可依经验进行判断，航向稳定性好的船舶，较少操舵即可保持沿直线航行；操舵改向时，船舶应舵快；旋回时正舵，航向稳定快。

航向不稳定的船舶，操舵时舵角相应增大，频繁操舵才能保持航向，且操舵者不易"把定"航向。

（三）航向稳定性的影响因素

1. 船体的几何形状

方形系数较小、长宽比（L/B）较大的瘦削型船舶具有较好的航向稳定性。

方形系数较大、长宽比（L/B）较小的肥硕型船舶航向稳定性较差。当方形系数达 0.8 左右时，航向带有不稳定性。

2. 水线下船体侧面积

水线下船体侧面积的分布对航向稳定性影响也较大。船首侧面积较大的船舶，航向稳定性差；反之，船尾侧面积较大的船舶，航向稳定性好。

对同一艘渔船，由于空载或压载时艉倾较大，艉部水下侧面积较艏部大得多，因此，空载或压载时航向稳定性好于满载平吃水时，如图 5-5a、图 5-5b 所示。

图 5-5a　空载、压载艉倾较大，　　　图 5-5b　满载平吃水，
　　　　　航向稳定性好　　　　　　　　　　航向稳定性差

二、船舶保向性及其影响因素

（一）船舶保向性

船舶保向性是指船舶在外力干扰下而偏离初始航向，通过操纵使船舶恢复在初始航向上做直线运动的能力。

船舶保向性与航向稳定性的区别：船舶保向性是船舶受控状态下的运动性能，与操船者的操纵有关；航向稳定性是船舶的固有运动性能，与操船者的操纵无关。

船舶保向性与航向稳定性的联系：航向稳定性好的船舶，保向性也好；反之则保向性差。

（二）船舶保向性的影响因素

影响船舶保向性的因素主要包括以下几个方面：

1. 方形系数

方形系数小的瘦削型船舶（长宽比大），回转阻尼力矩大、航向稳定性好，保向性好。

方形系数大的肥硕型船舶（长宽比小），小舵角范围内具有航向不稳定性，保向性差。

2. 水线下船体侧面积

船体水线下侧面积在船尾分布较多时，比如船尾有钝材、船首较为瘦削的船舶，船舶航向稳定性好，保向性好。

船体水线下侧面积在船首分布较多时，比如船舶艏倾、球鼻艏型船舶，船舶航向稳定性差，保向性差。

3. 船速

对同一艘船舶，航向稳定性和船舶保向性随船速提高而提高。

4. 舵角

舵角增加，航向稳定性和船舶保向性变好。对于肥硕型船舶，往往在小舵角时航向不稳定，需操较大舵角保向。

5. 吃水

船舶满载时与轻载时相比较，航向稳定性和船舶保向性变差。但是在强风影响下，船舶空载或轻载时，由于水线上受风面积大于满载时，船舶保向性反而较差。

6. 舵面积比

舵面积比大，增加了船体水线下侧面积在船尾的分布，提高了航向稳定性和船舶保向性。

7. 纵倾与横倾

船舶艏倾时，艏部水线下侧面积增加，航向稳定性和船舶保向性下降。

船舶艉倾时，艉部水线下侧面积增加，航向稳定性和船舶保向性提高。

船舶存在横倾时比正浮时船舶保向性下降。

8. 其他因素

浅水中航行时，航向稳定性和船舶保向性比深水中好。同理，船体污底严重时，保向性提高。顺风、顺流航行时，保向性下降；顶风、顶流时，保向性提高。

第二节　船舶变向性能及变速性能

一、船舶变向性能

船舶变向性能指船舶改变航向的能力，包括旋回性、初始回转性和艏摇抑制性。船舶的航向改变通常是通过控制舵机从而改变舵角来实现。

（一）艏摇抑制性

艏摇抑制性指船舶旋回达一定角速度时，向旋回相反一舷操舵，船首向对舵的响应能力。艏摇抑制性体现的是对转动中船舶的停止能力。如果船首向应舵快，艏摇抑制性就好；船首向应舵慢，艏摇抑制性就差。

Z形操纵试验

船舶的艏摇抑制性可通过Z形操纵试验进行评价。试验在船舶以定常船速直线航行中，操某一舵角（如右舵10°），当航向改变量与所操舵角相等时（航向为初始航向加10°），迅速向另一舷操相同舵角（左舵10°），当航向改变量与所操舵角相等时（航向为初始航向减10°），再次操回到初始舵角（右舵10°）。如此反复操舵5次，即结束一次试验。以10°为指定舵角和反向操舵时的航向改变量称之为10°/10°Z形操纵试验。此外，还可进行20°/20°、5°/5°Z形操纵试验。

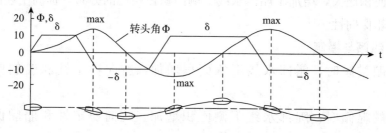

图5-6　Z形操纵试验结果

该试验结果可以用图5-6的形式表示，求取出航向超越角（$\Phi_{max}-\delta$）和航向超越时间。

其中，航向超越角越小，艏摇抑制性越好；反之，艏摇抑制性差。

（二）初始回转性

初始回转性也称为改向性，是指船舶对中等舵角的反应能力，衡量直航船舶改变航向的能力。初始回转性体现的是使直航中的船舶开始转动的能力，用于评价船舶改变航向的效率。

船舶在航行同等距离的情况下，航向改变越大，或者说，在改变航向相同情况下，航行的距离越短，初始回转性越好；反之，初始回转性越差。

（三）旋回性

旋回性是指船舶在操满舵状态下进行旋回运动的性能。用于评价船舶旋回运动所占用的最小水域。

船舶旋回性作为船舶最基本的重要操纵性能之一，是船舶变向性能中最具有表征意义的性能，通过满舵时测定的旋回圈参数，可获得多种船舶变向操纵性能指标。

1. 船舶旋回运动过程

旋回运动过程可分为 3 个阶段，即转舵阶段、过渡阶段和定常旋回阶段。

（1）**转舵阶段**　从转舵开始到舵转至规定舵角为止称为转舵阶段。该阶段历时较短，船舶依惯性仍作直线运动，但船首产生向转舵一舷偏转的趋势，船体则出现反向横移（向转舵一舷相反一舷横移）并产生内倾（向转舵舷横倾），如图 5-7 所示。船速略有下降。

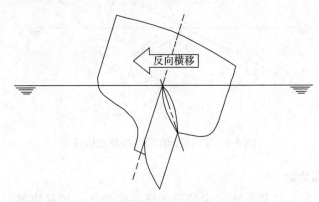

图 5-7　转舵阶段的横移及横倾

（2）**过渡阶段**　随船舶横移速度与漂角的增大，船舶进入斜航运动，船首偏转加剧，船舶进入过渡阶段。该阶段，船舶加速旋回，船体由反向横移过渡到正向横移（向转舵舷横移），内倾过渡到外倾（向转舵舷相反一舷横倾），如图 5-8 所示。船速明显下降。

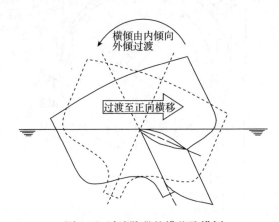

图 5-8　过渡阶段的横移及横倾

（3）定常旋回阶段 当船体受力最终趋于平衡时，船舶绕一固定的旋回中心作匀速圆周运动。船舶进入定常旋回阶段。该阶段，作用在船体上的合力矩为零，速度加速度、旋回角加速度为零；速度、旋转角速度趋于定值；外倾的横倾角也趋于稳定，如图 5-9 所示。

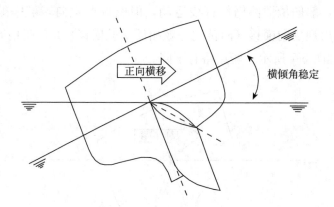

图 5-9 定常旋回阶段的横移及横倾

2. 旋回圈要素

定速直航（一般是全速）中的船舶操一舵角（一般是满舵）并保持此舵角，船舶将作旋回运动。旋回运动时船舶重心的轨迹，称为旋回圈。旋回圈及其要素如图 5-10 所示。

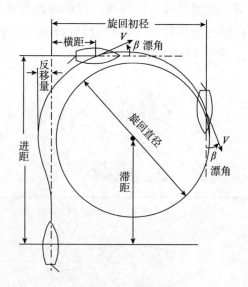

图 5-10 旋回圈要素

（1）**进距** 是指自初始航向改变 90°时，船舶重心的纵向移动距离，也称为纵距。是判断旋回运动中船舶纵向占用水域范围的依据。

进距小，船舶应舵快，即初始回转性能好；进距大，船舶应舵慢，即初始回转性能差。进距为旋回初径的 0.6～1.2 倍，或船长的 2.8～4 倍，且最大不超过 4.5 倍的船长。

（2）**横距** 是指自初始航向改变 90°时，船舶重心的横向移动距离，是衡量船舶航向变化 90°时横向占用水域范围的依据。

横距小，船舶应舵快，则初始回转性能好；横距大，船舶应舵慢，则初始回转性能差。横距约为旋回初径的 0.5 倍，或船长的 2～3 倍。

（3）**旋回初径** 是指自初始航向改变 180°时，船舶重心的横向移动距离，是判断旋回运动中船舶横向占用水域范围的依据。旋回初径小，船舶旋回性能好；旋回初径大，船舶旋回性能差。

一般旋回初径为船长的 2.8～4.2 倍，且最大不应超过 5 倍的船长。

（4）**旋回直径** 是指船舶进入定常旋回时，重心轨迹圆的直径，是判断船舶定常旋回中占用水域范围的依据。

旋回直径为旋回初径的 0.9～1.2 倍。渔船的旋回直径为 2～3 倍船长。

（5）**反移量** 是指在旋回初始阶段，船舶重心向转舵相反方向横移的距离。

一般情况下，船舶满舵全速旋回，船舶航向改变约在一个罗经点（11.25°）时，船舶重心的反移量达到最大值，约为船长的 1%。此时，船尾的反向横移量为船长的 1/10～1/5，远较重心处反移量大，操船时需加以注意。

（6）**滞距** 是指从舵令下达位置时的船舶重心至定常旋回曲率中心的纵向距离，也称为心距。

滞距表示操舵后到船舶进入旋回的"滞后距离"，也是衡量船舶舵效的标准之一。一般为 1～2 倍船长。

（7）**漂角 β** 在旋回圈要素中，漂角是指船舶重心处的船速矢量方向与船舶艏艉线之间的交角，如图 5-11 所

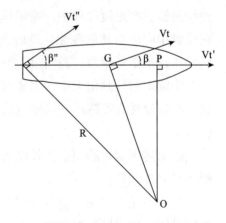

图 5-11 船舶漂角 B 与转心 P

示。满舵旋回中，船舶进入定常阶段时，漂角为常量，漂角 β 为 3°～15°。

漂角越大，旋回性越好，旋回圈越小，降速越多，横倾角加大，转心前移。在浅水中，旋回性比深水差，浅水中漂角也小于深水中漂角。

对给定船舶而言，沿船长方向各点处的漂角值不同。在转心 P 处漂角为零，距离转心越远，漂角越大。如转心 P 位置接近船首，则船尾处漂角 β″最大。

（8）转心 P　船舶转动时，可看作是平动与转动的叠加。船上的每一点都将绕某一点为中心作自转，这一点就是转心 P，如图 5-11 所示。转心的位置从瞬时轨迹曲率中心 O 点作船舶艏艉线的垂线，可得瞬时转心 P 点。转心 P 点处漂角为零，只有纵移速度 Vt′，横移速度为零。

转心 P 的位置，在开始操舵时约在重心稍前处，随船舶旋回加快，转心 P 位置向前移动，进入定常旋回阶段时，趋于稳定，此时转心位置在船首柱后 1/5～1/3 船长。船舶漂角越大，转心位置距离船首柱越近，旋回性能越好。在大漂角情况下，转心位置会前移至船首柱之前某点。

船舶后退中旋回时，转心位置在重心之后，随旋回加快，转心 P 位置向船尾移动。

（9）旋回降速　船舶旋回中由于舵阻力、斜航阻力的增加，推进器效率的下降等因素，致使船速下降，称为"旋回降速"。定常旋回阶段船速下降达到最大并趋于稳定，一般降速达 30%～50%。

（10）旋回横倾角　船舶转舵后，船舶先产生少量内倾，随之由内倾向外倾过渡。在过渡过程中，船舶横摇惯性的影响，会产生瞬间最大外倾角，在操纵中应注意其危害性。最后进入定常阶段时，外倾角趋于定值。其中，内倾角远小于外倾角，瞬间最大外倾角为定常外倾角的 1～2 倍。

影响定常外倾角大小的因素取决于船舶初稳性高度、船速、舵角、旋回直径。初稳性高度越小，船速越快，舵角越大，旋回直径越小，定常外倾角就越大。

除上述因素对瞬间最大外倾角具有相同影响外，转舵速度快时，将增加瞬间最大外倾角。

风浪中操舵转向，要考虑到上述因素对船舶横倾角的影响，避免操舵产生的横倾与外力导致的横倾相叠加，造成船舶倾覆。如操舵旋回时出现较大外倾，应避免急速回舵或向相反舷压舵，而应在逐渐降速的同时，逐渐减小所操舵角。

（11）**旋回时间**　是指船舶旋回过程中转至某一角度所需的时间。船速越低，旋回的时间越长；排水量越大，旋回的时间越长。渔船快速旋回360°时的时间一般小于6min。

3. 影响旋回圈的因素

（1）**舵角**　在极限舵角范围内，舵角大小与旋回初径之间的关系是：舵角增大，旋回初径变小。

（2）**操舵时间**　按规范要求从一舷35°至另一舷30°，不应超过28s。一般船舶从正舵至一舷满舵大约需要15s。操舵时间越长，心距、进距越大。

操舵时间对横距和旋回初径的影响不大，旋回直径则不受其影响。

（3）**船速**　渔船速度范围内，船速对旋回圈大小影响很小。船速增加，旋回初径将稍微变大。但船速对旋回时间影响明显，船速快，旋回时间大大缩短。

如果船舶在满舵旋回时从全速前进中停车，由于舵力大大减小，旋回圈增大；相反，船舶从静止或低速状态时加车进行旋回，此时舵力增强，旋回圈明显变小。

（4）**方形系数**　方形系数小的瘦削型船比方形系数大的肥硕型船舶旋回性差，旋回圈明显增大。

（5）**水线下船体侧面积**　船首部水线下侧面积分布较多，船尾部水线下侧面积较少，比如球鼻艏船或船尾比较削进的船舶，旋回圈较小。相反，船尾有钝材或船首比较削进的船舶，旋回圈则较大。

（6）**舵面积比**　其他条件相同时，舵面积比大，舵力则大，因而旋回圈减小。但舵面积比超过一定值后，旋回圈会有所增大。就一定类型的船舶，根据用途不同和船舶设计上的考虑，舵面积比有其最佳值。

（7）**吃水**　船舶吃水增加，舵面积比则减小，同时吃水增加时，船舶的转动惯量增加，所以开始阶段船舶旋回缓慢。因此，船舶吃水增加，旋回时进距 Ad 加大，横距、旋回初径也将有所增加，但反移量有所减小。

（8）**吃水差**　船舶艉倾时旋回圈变大，艉倾量每增加1％船长，旋回初径约增大10％。反之，艏倾每增加1％船长，旋回初径约减小10％。

对于同一船舶，空船和满载时旋回圈大小相差不大。因为，空船时吃水较浅，舵面积比增大，但往往艉倾较大，尤其对艉机型船；而满载时，虽然舵面积比减小，但艉倾常较小。

（9）**横倾**　横倾对旋回圈大小的影响并不大。低速时，向低舷侧旋回时旋回初径小。高速时，向高舷侧旋回时旋回初径小。

（10）浅水　船舶在浅水中航行与在深水中比较，相同舵角的舵力变化不大，但浅水中旋回时阻力明显增加，因此旋回圈变大，漂角减小。当水深与吃水之比小于 2 时，旋回圈增大趋势明显。

（11）船体污底和风、流因素　船体污底严重，旋回时阻力增加，旋回圈略微变大。

有风、流影响进行旋回时，旋回圈大小受风、流方向和大小所左右。如顺风（流）旋回时旋回圈增大，顶风（流）旋回时旋回圈减小。

二、船舶变速性能

船舶变速性能是指船舶对变速操纵的反应能力，其包括加速、减速、停船和倒航性能。

（一）加速性能

加速性能是指船舶从静止或某一船速增加到更高船速的性能。船舶由静止状态开始进车，为克服船舶巨大的启动惯性，启动主机时需以低转速进行，避免主机负荷的急剧增大，之后主机转速随船速的逐步提高而逐渐增加。

当主机转速控制在某一定值（或调距桨螺距角不变），随着船速的逐渐增加使船舶阻力增加和推力下降，当推力与阻力二者趋于平衡，船速开始稳定在某一定常速度航进。

根据经验，满载船舶从静止逐级进车，船速达到海上船速时（称定速航行），定速冲时需要 30～60min，定速冲程约为 20 倍船长。轻载时，定速冲时略有缩短，定速冲程为 10～13 倍船长。为保护主机，操纵中定速冲时不易过短。

（二）减速性能

减速性能是指减速操纵后，船速递减过程中的运动性能。船舶减车后，由于推力下降，船速开始逐渐下降，随之船舶阻力与推力进入新的平衡，船舶以低于初始速度的船速航进。

当停止主机，螺旋桨不再产生推力，船舶仅受船体阻力的作用而逐渐降速，直至船舶对水停止移动，这种性能称为"停车性能"。该过程所需的时间称为"停车冲时"，相应所航行的距离称为"停车冲程"。

在实船试验中，一般以船舶可维持舵效的最小船速为标准作为船舶对水停止移动的替代，对渔船而言，该船速可取为 2 节。当以常速航进的渔船，从主机停车到降速至 2 节，其停车冲程为船长的 8～20 倍。

（三）停船性能

停船性能是指船舶在任意前进速度时使用倒车使船舶停止的性能。在停船性能中紧急停船性能是衡量船舶变速性能的重要参考指标。

1. 紧急停船性能

紧急停船性能是指在冲程试验条件下，以海上船速行驶的船舶，进行全速倒车制动后，能否迅速停船的性能。从发令全速后退起，到船舶对水停止移动为止，所需的时间称为"倒车冲时"，船舶所前冲的距离，称为"倒车冲程"，也称为"最短停船距离"或"紧急停船距离"，其是衡量主机制动能力的重要参数。

倒车冲时和倒车冲程可以通过估算法求取，但在电子海图以及 GPS、北斗等定位系统已经成为标准设备的情况下，采用实船试验则更为简单方便。

对于通常的右旋固定螺距单桨船，倒车制动时，实船倒车制动试验时的运动轨迹是一曲线，如图 5-12 所示。其特征参数有如下几项。

（1）**航迹进距**　指船舶从发令倒车开始至船舶对水停止移动时的航迹长度，即最短停船距离，如图中所示曲线的长度。一般渔船的最短停车距离（倒车冲程）为6～8 倍船长。

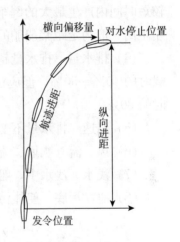

图 5-12　船舶停船试验的
运动轨迹

（2）**纵向进距**　指船舶从发令倒车开始至船舶对水停止移动时船舶重心在原航向上的纵向位移量。

（3）**横向偏移量**　指船舶从发令倒车开始至船舶对水停止移动时船舶重心在原航向上的横向位移量。

（4）**航向变化量**　指船舶从发令倒车开始至船舶对水停止移动时航向的改变量。倒车制动时，船首转动方向和船舶的横向偏移方向均与螺旋桨的转动方向有关：右旋定距单桨船，艏右转、船舶向右偏移；左旋定距单桨船，艏左转、船舶向左偏移。

船舶横向偏移量的大小与航向变化量成正比。船舶压载时，横向偏移量与航向变化量通常较小；满载时，因倒车冲时较长，横向偏移量与航向变化量增大。

2. 影响紧急停船距离的因素

（1）主机倒车功率　吨位、载荷状态等相近的船舶，主机倒车功率越大，紧急停船距离越小。

（2）主机换向时间　主机换向时间越短，船舶紧急停船距离越小。定距桨的换向时间与主机类型有关，一般蒸汽机的换向时间最短；柴油机次之；汽轮机的换向时间最长。因此，紧急停船距离以蒸汽机最短；柴油机次之；汽轮机的最长。

（3）推进器种类　调距桨无须主机进行换向，其通过调整螺距角即可在较短时间内产生最大的倒车功率。在其他条件相同时，调距桨船舶的最短停船距离一般为定距桨船舶的 60％～80％。

（4）排水量　排水量越大，紧急停船距离越长。压载时的倒车冲程为满载时的 40％～50％。但应注意对停车冲程而言，压载时停车冲程约为满载时的 80％。

（5）船速　排水量不变，船速越大，冲程越大。

（6）风、流　顺风、流时冲程增大，顶风、流时冲程减小。

（7）浅水　浅水中，船舶阻力增大，冲程减小。

（8）船体污底　船体污底严重，阻力增加，紧急停船距离相应减小。

第三节　舵 效 应

一、舵力与舵效

（一）舵力及其影响因素

1. 舵力

舵是操纵船舶的一种重要设备，是控制船舶方向的主要手段。为简化问题的研究，通常先研究单独舵（敞水舵）的性能，然后进行船体和螺旋桨对其影响的修正。

舵在正舵迎流情况下，水流对称地流过舵叶两侧，两侧面所受的水动力相等，不产生舵力。当舵向任一侧转出一舵角时，水流的对称性被破坏，舵叶两侧相对水流速度产生差异，迎水流一面的流速比背水流一面的流速慢，使舵板两面出现一个压力差，产生作用在舵上的水动力，该水动力即为舵力。舵力可以按两种方式进行分解，如图 5-13 所示。

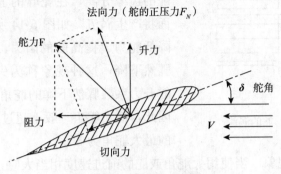

图 5-13　流线型舵的受力分析

一种分解是将舵力分解为垂直于水流方向的分量，称为舵的升力，其作用使舵及与舵连接的船尾向操舵相反一舷运动；和平行于水流方向的分量称为舵的阻力，其作用使舵或与舵连接的船体运动速度下降。

另一种分解是将舵力分解为垂直于舵平面的分量，称为舵的法向力，也称为舵的正压力；和平行于舵平面的分量称为舵的切向力。此种分解方式主要是对舵力大小及方向进行分析时的一种简化，即以舵的正压力 F_N 代表舵力 F 的大小和方向。

由此，舵力及舵力转船力矩是指舵的正压力及其产生的转船力矩。则舵力可表示为：

$$F \approx F_N = \frac{1}{2}\rho A_R V_R^2 C_N \qquad (5\text{-}1)$$

式中　F_N ——舵的正压力（N）；

ρ ——水的密度（kg/m³）；

A_R ——舵的面积（m²）；

V_R ——舵速（舵相对水的速度）（m/s）；

C_N ——舵的正压力系数。

其中舵的正压力系数大小与舵的形状、展弦比、平衡系数以及舵角等因素有关。

2. 影响舵力的因素

从式（5-1）可知，影响舵力的因素除与舵的浸水面积、舵角和舵速等有关外，还与下列因素有关。

（1）失速现象　随着舵角的增大，舵力系数增大，舵力将增加。但当舵

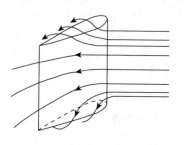

图 5-14　舵的涡流

角达到某一舵角时，由于舵周围的流线从舵的边缘分离，在舵叶的上下两缘和背流面将产生涡流，如图 5-14 所示。该涡流将降低舵力、提高舵的阻力，使舵升力系数骤然下降，这种现象称为失速现象。出现舵升力系数骤然下降的舵角称为临界舵角，因此，最大舵角一般不超过 40°，多数渔船的最大舵角为 35°。

（2）空泡现象　当使用大舵角或舵的前进速度相当大时，特别是舵叶的前缘横截面曲率较大时，舵的背面压力将剧烈下降，当下降至或接近该温度下的汽化压力时，在舵的背面将出现空泡现象。该现象使舵金属表面产生剥蚀的同时，也会导致舵升力系数下降而影响舵效。

（3）空气吸入现象　当舵叶背面吸入空气，产生的涡流会使舵力下降。此现象多出现于舵叶上缘接近水面或部分露出水面的情况下，当船速较高时更容易出现。

（4）舵与船体之间相互影响　舵置放于船尾后，在船舶操纵过程中，操舵后，舵叶两边的压力差会波及船体两侧，形成船体两侧的压力差，从而增加了船尾舵的舵力。舵与船体之间的相互影响使船尾舵的舵力比单独舵（敞水舵）的舵力增加 20%～30%，且船尾钝材越大，舵与船体的间隙越小，其作用越明显。

（5）舵速　对于船尾舵，舵速由船速、船体伴流和螺旋桨排出流组成。船舶前进时，船尾处的伴流方向与船舶前进的方向相同，因此伴流的存在降低了舵速，即降低了舵力；而螺旋桨排出流在进车时会增大舵速，则增加了舵力。

低速或静止中船舶，预操大舵角时快速进车，螺旋桨排出流的作用可提高舵力，使船舶较快转头；航进中船舶突然停车，螺旋桨排出流瞬即消失，而伴流影响依然较强，可导致舵力下降，甚至某时刻似乎舵效突然消失。

单车单舵船的舵力受伴流影响，相比单独舵（敞水舵）的舵力减少 60% 左右，但螺旋桨排出流的有利影响可以弥补伴流的不利影响。舵力总体略有提高。

双车单舵船，伴流影响变化不大，但由于单舵布置于双车之间，螺旋桨排出流的影响下降 1 倍还多，舵力下降较多，低速时舵效尤为不明显，需借助双车使用不同转速以弥补舵力不足。

双车双舵船，因螺旋桨排出流的有利影响远远超出伴流的不利影响，舵效较好，有利于船舶操纵。

（6）船舶旋回中舵力下降 旋回中舵力下降的原因：一方面是旋回中船速下降，即舵速下降，导致舵力下降。另一方面是船舶在横移（向操舵相反一舷）或旋转（向操舵一舷）过程中，舵的有效攻角因为船尾的横向运动而减小（一般情况下，所操舵角为 35°时，有效舵角会减小 10°～13°），导致舵力下降。

（二）舵效及其影响因素

1. 舵效

舵效是舵力产生的转船效果的简称，指船首向对操舵的响应能力，即舵效是保持航向和改变航向的效率。操船运动中的舵效是指船舶操一定的舵角，船舶在一定的时间、一定的水域，其转头角的大小。船舶在操某一舵角时，在较短的时间内所需水域越小，转头角越大，其舵效就越好。反之舵效差。

2. 影响舵效的因素

（1）舵角 舵角越大，舵力越大，舵效越好。

（2）舵速 舵速增加将增加舵力，相对来讲也增加了舵效。万吨以下船舶，在不用车的情况下，手操舵所能保持舵效的最低船速约为 2 节，而自动舵能够有效保向的最低船速为 8 节。

（3）船舶的排水量 船舶的排水量越大，其转动惯量也越大，舵效变差。因此操纵大型船舶一般宜大舵角、早用舵、早回舵，抑制船舶的旋转角速度。

（4）船舶倾斜 船舶纵倾时，船舶艏倾舵效差，适当艉倾舵效好；船舶横倾时，如低速时，低舷侧阻力较大，船首易向低舷侧偏转，因此向低舷侧转向舵效好，向高舷侧转向舵效差。而高速时，当水流动压力作用大于水阻力时，则向高舷侧转向舵效好。

（5）舵机性能 操舵所需时间越短，舵效越好。电动舵机来舵快，回舵慢，不易把定。电动液压舵机来舵快，回舵也快，易把定。

（6）风流及浅水 空载慢速，顺风转向较迎风转向舵效好；船舶顶流较顺流舵效好；浅水中船舶的旋回阻力较深水中大，舵效也较深水中差。

（7）与舵的安装位置有关　单车船、双车双舵船，排出流打在舵叶上，舵效好。双车单舵船，舵在两车之间，则舵效差。

二、提高舵效的措施

提高舵效的有效途径是降低船速、提高舵速，即降低船速的同时增加螺旋桨的转速。

在实际船舶操纵中，船舶通过狭水道或航道的弯角较大的弯曲地段时，大多采用降低船速、增加螺旋桨转速来提高舵效的措施。船舶在港内宽度和深度受限的直航道中航行时，既要保持一定的船速以克服横风、横流的影响，又要考虑船舶下沉量的影响，即在保持较高螺旋桨转速的情况下，船速又不宜过高，这时，可以在船尾系带一拖船协助减速，同时保持较高螺旋桨转速，以提高舵效。

第四节　车　效　应

一、螺旋桨的推力与转矩

（一）推力与转矩

推力是指主机驱动螺旋桨旋转推水向后运动时，水对螺旋桨的反作用力。

转矩是指主机提供的使螺旋桨旋转的力矩。

流向螺旋桨盘面的水流称为吸入流，其特点是作用范围较广，流线几乎平行，流速较低；推离螺旋桨盘面的水流称为排出流，其特点是作用范围较窄，流线旋转，流速较快，如图5-15所示。

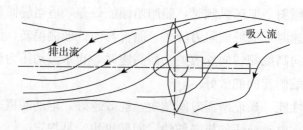

图5-15　排出流与吸入流

一般来讲，推力与主机的转速、船速、螺旋桨的沉深、滑失和伴流有关。

①当船速一定时，转速越高，推力越大，推力的大小与转速的平方成

正比。

②当转速一定时，船速越高，推力越小。船速为零时（相当于系泊状态）推力最大，称为系柱推力，即推力与船速成反比。

③沉深越小，推力越小；滑失越大，推力越大。

④伴流越大，推力越大。

螺旋桨沉浸水中的深度对螺旋桨的推力与转矩影响较大，当螺旋桨浸在水中的深度不足，螺旋桨转动造成空气吸入现象或部分桨叶露出水面，螺旋桨的推进效率将大大降低，螺旋桨的推力与转矩也将随之降低。

当主机倒车时，主机的拉力和转矩具有与正车时相同的特性，由于螺旋桨及主机结构方面的原因，一般船舶倒车拉力只有进车推力的60%～70%。

滑失与滑失比

滑失 S 是指螺旋桨的理论进速（$n \times p$）与实际对水速度 V_p 之差。即：

$$S = np - V_p \tag{5-2}$$

式中　S——滑失；

　　　n——螺旋桨的转速；

　　　p——螺旋桨的螺距；

　　　V_p——螺旋桨对水速度。

滑失比 S_r 是指滑失 S 与螺旋桨的理论进速（$n \times p$）的比值，即：

$$S_r = S/np = (np - V_P)/np = 1 - V_P/np \tag{5-3}$$

航海实践中通常以实际船速（船舶对水速度）代替螺旋桨对水速度 V_p，称之为虚滑失和虚滑失比。并将虚滑失比作为表征不同航行状态下螺旋桨负荷的参数，以百分比表示。相同主机转速情况下，虚滑失比增大，即意味着船舶源于风、浪、流、浅水以及污底等原因造成航行的阻力增加；当船舶顺风、顺流航行时，虚滑失比将减小，甚至成为负值。

滑失比的增大会降低螺旋桨的推进效率并增加螺旋桨负荷，但从船舶操纵角度来看，滑失比的增大有利于提高船舶的转向效率。在实际操船中，船舶操纵人员常常通过降低船速、增加螺旋桨转速来增大螺旋桨的滑失比，进而提高舵效。

（二）推力和转矩与滑失比的关系

在船速、转速一定的情况下，滑失比越大，螺旋桨的推力和转矩越大；

当船速一定，转速越大，则滑失比越大，螺旋桨的推力和转矩越大；

当转速一定，船速越低，则滑失比越大，螺旋桨的推力和转矩越大；

当船速为零时，滑失比等于 1，此时，滑失比最大，则螺旋桨的推力和转矩最大。

从上述分析可以看出，当滑失比增加时，在增加推力的同时也增加了螺旋桨的转矩，这就需要主机克服更大的转矩，容易使主机超负荷工作而损坏主机。因此，在实际工作中应避免船舶在静止中突然开高速进车和高速倒车而损坏主机。另外，船舶在大风浪中或浅窄水域航行时，因船速下降而导致螺旋桨的滑失比增大，也容易造成船舶主机超负荷工作，应引起足够的重视。

（三）伴流

船舶以某一速度 V_s 向前航行时，附近的水受到船体的影响而产生运动，其表现为船体周围将存在一股水流以某一速度随船前进，这股水流称为伴流或追迹流。伴流的存在使得船后螺旋桨附近流场中水流对桨的相对速度与船速不同，从而使螺旋桨产生的推力也不同。

伴流主要由摩擦伴流、势伴流和兴波伴流组成。摩擦伴流因水与船体之间摩擦引起，是伴流的主要成分，如图 5-16 所示；势伴流由水在船体周围的流线运动形成，作用不明显，如图 5-17 所示；兴波伴流是船行波形成的伴流，其影响最小。

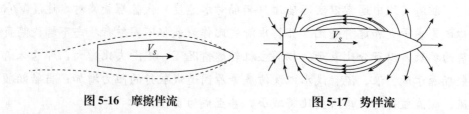

图 5-16　摩擦伴流　　　　　　　　　图 5-17　势伴流

伴流分布的特点为：船舶在前进时，伴流大小与厚度自船首至船尾逐渐扩大，船首最小，船尾最大，离船体越远，伴流越小。船舶后退时，则船尾的伴流最小；在船尾处，伴流沿螺旋桨的径向分布，上大下小，左右对称，如图 5-18 所示。

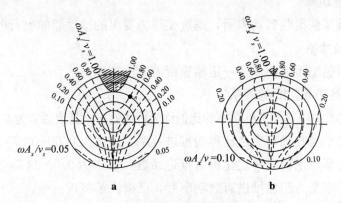

图 5-18　船尾处伴流的径向分布
a. U 形船尾　b. V 形船尾

由于伴流的存在，使得螺旋桨进速比船速低，船后螺旋桨的推力将比单独螺旋桨的推力大，但会使舵效变差。伴流对提高螺旋桨推力是个有利因素，一般船舶其正伴流的最大位置在螺旋桨的桨盘处。

二、功率和船速

船舶依靠主机发出的功率，驱动螺旋桨产生推力，当推力与阻力平衡时，船舶将定速航行，否则船舶将作变速运动。对于给定的船舶主机，可提供的功率是有限的，船舶的船速也因此受到限制。

（一）功率

从功率的传递情况来看，主机发出的功率，除了驱动螺旋桨转动产生推力为船舶作前进运动提供有效功率外，还必须提供驱动螺旋桨转动产生相应转矩以及克服主机和传动轴系摩擦所需要的功率。

功率主要有以下几种。

1. 主机功率

主机功率也称机器功率，是指主机可发出的最大功率。根据主机种类的不同，主机功率的表示方式不同。蒸汽机常用指示功率来表示；内燃机常用制动功率来表示；汽轮机常用轴功率来表示。

2. （螺旋桨）收到功率

指机器功率经过传动装置和其他机件的摩擦损失，传至主轴艉端与螺旋桨连接处的功率。

3. 推进功率

指螺旋桨获得收到功率后，螺旋桨推力发出的推动船舶航行的功率。

4. 有效功率

指克服船舶阻力而保持一定船速所需要的功率。

（二）各功率之间的关系

螺旋桨收到功率与主机功率的比值称为传递效率，其值通常为 0.95～0.98。

推进功率与收到功率之比称为推进效率，该值为 0.60～0.75。

有效功率与主机功率之比称为推进系数，该值为 0.5～0.7。这就是说，主机发出功率变为船舶推进有效功率后，已损失了将近一半。

（三）船速

为避免主机超负荷运行，方便操纵和保证航行安全，船速（对水）按照航行环境以及主机工况的不同可以分为以下几种。

1. 额定船速

额定船速也称为最大船速，是指船舶主机按额定输出功率（最大功率）航行时所能达到的最高船速。对应的主机转速称为额定转速。额定船速通常为设计船速，在新船试航时也可通过实船试验测得。投入营运后由于主机的磨损和船体的陈旧，额定船速将会降低。

2. 海上船速

海上船速是指船舶主机按海上常用输出功率（常用功率）、常用转速，在平静深水域航行时所能达到的最高船速。船舶在海上实际航行时，为确保长期安全航行，需保留一定的功率储备，故采用低于额定功率的常用功率，常用功率通常为额定功率的 90%，对应的主机常用转速则为额定转速的 96%～97%。

船舶以海速行驶时，只是意味着主机按海上常用输出功率、常用转速运转，由于海上气候多变，船舶装载状态不同，实际船速并不是固定不变的。

3. 港内船速

港内船速是指船舶主机按各级港内输出功率（港内功率）、各级港内转速运转时，在平静深水域中航行所能达到的船速。船舶在进出港航行时，因船舶密集，水深较浅，弯道较多，需要频繁用车（变速操纵）、用舵。为便于操纵和不使主机超负荷，港内航行时主机最高转速应较海速为低，一般港内的最高主机转速为海上常用转速的 70%～80%。该转速通常由船长和轮机长商定并共同遵守执行。

因为螺旋桨设计的原因，倒车时转矩往往比正车时大，通常港内"后退三"时的主机转速为海上常用转速的 60%～70%。

此外，主机正车转速常划分为"前进三"（Full ahead）、"前进二"（Half ahead）、"前进一"（Slow ahead），以及"微速进"（Dead slow ahead）四挡，"微速进"时的主机输出功率和转速，是主机可以输出的最低功率和最低转速。在倒车挡次中也分为"后退三"（Full astern）、"后退二"（Half astern）、"后退一"（Slow astern），以及"微速退"（Dead slow astern）四挡。

港内船速也称为备车（主机做好随时操纵的准备）速度或操纵速度，船舶以港速行驶时，往往意味着备车航行。由于船舶装载状态以及水深等外界条件不同，实际船速并非固定不变。

4. 经济航速

经济航速是指能使船舶费用和燃料费用之和，即运输成本达到最低的航速。一般经济航速较海上船速为低。营运中的船舶为了最大限度地节约成本，常常采用以经济航速航行，尤其是大洋航行时，航程和航时均较长，掌握船速和主机燃油消耗的关系，运用最佳船速，可以提高船舶运输的经济效益。

如果考虑船舶折旧费、保险费、船员费用、修理费、港口使费、润滑油费用等，确定经济航速比较困难。

三、螺旋桨横向力及其作用规律

螺旋桨转动时，除了产生前后方向的推力或拉力，以控制船舶的前后运动之外，还会产生左右不对称的横向力使船舶产生偏转。船舶操纵人员必须注意这些横向力对船舶操纵的影响，了解和掌握这些横向力的特性、大小和方向等，在实际操船中趋利避害地加以运用。

螺旋桨横向力可以分为沉深横向力、伴流横向力、排出流横向力以及中心偏位横向力，这几种作用力在不同的条件下作用大小和方向各异。下面以右旋定距单桨船为例，讲述螺旋桨横向力的成因及作用规律。

（一）沉深横向力

当螺旋桨临近水面或部分桨叶露出水面工作时，桨叶扰动水面，掀起波浪，吸入空气，使得下桨叶所处的流场水密度大于上桨叶所处的流场水密度。造成下桨叶的旋转阻力大于上桨叶。上下桨叶的旋转阻力的差值就是沉深横向力。

沉深横向力的方向（由船尾向前看）总是与螺旋桨的旋转方向相同。对于右旋定距单桨船而言，进车时，向右旋转、沉深横向力推尾向右，船首左偏；倒车时相反，推尾向左，船首右偏，如图 5-19 所示。左旋定距单桨船，船舶偏转方向与此相反。

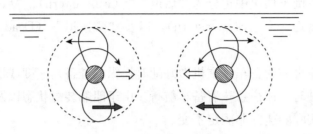

图 5-19　螺旋桨沉深横向力

沉深比与沉深横向力的大小

螺旋桨盘面中心距水面的垂直距离称为螺旋桨的沉深 h，沉深与螺旋桨直径 D 之比 h/D 称为沉深比，如图 5-20 所示。

当 $h/D < 0.65 \sim 0.75$ 时，随着沉深比的减小，该力将明显增大；当 $h/D > 0.65 \sim 0.75$ 时，随沉深比的增大，螺旋桨桨叶距水面加深，空气就不易吸入，沉深横向力逐渐减小。但如果水深较浅，螺旋桨桨叶距离海底较近，由于水流受阻或搅入泥沙使流体密度增大，下部桨叶受到的旋转阻力会大于上部桨叶，同样产生较大的横向力。

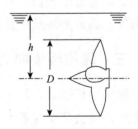

图 5-20　螺旋桨沉深

沉深横向力的大小除了与沉深及螺旋桨转速有关外，受船速的影响较大，在船速不变的情况下，随转速的提高，沉深横向力增大（即滑失比增大时，该力变大）；在转速不变的情况下，随船速的提高，沉深横向力逐渐减小。此外，相同的转速下，倒车时沉深横向力比正车时大。

（二）伴流横向力

船舶前进时，螺旋桨的转动会受到纵向伴流影响，由于伴流纵向流速分布规律是：上大下小，左右对称，使得螺旋桨工作时，上桨叶进速较低，冲角较大，旋转阻力较大；相反，下桨叶旋转阻力较小。这种因伴流的影响而出现的上下桨叶的旋转阻力的差值而构成的横向力，称为伴流横向力，如图5-21 所示。

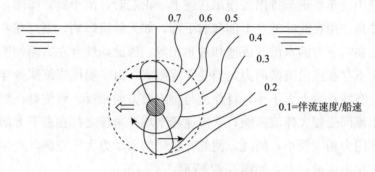

图5-21 螺旋桨伴流横向力

伴流横向力的方向（由船尾向前看）总是与螺旋桨的旋转方向相反。对于右旋定距单桨船而言，前进中进车时，推尾向左，船首右偏；前进中倒车时相反，伴流横向力推尾向右，船首左偏。上述的船首偏转方向正好与螺旋桨的沉深横向力相反。船舶静止或后退中，船尾伴流可以忽略，伴流横向力也可忽略不计。

伴流横向力的定量分析

船舶前进中，船速越高，伴流横向力越大；船速较低时伴流相应减弱，伴流横向力将随船速的降低而减小；当船速一定时，随转速提高，该力也增大。

此外，该力大小与螺旋桨盘面内伴流分布的均匀程度密切相关，具有U形船尾、导流管以及螺旋桨位置离船体较远的船舶，由于桨叶处伴流小，该力很小；V形船尾伴流上下相差较大，伴流横向力大。

船舶静止中，不管进车还是倒车，由于不存在伴流，不产生伴流横向力。

船舶后退中，螺旋桨盘面处伴流很小，且上下几乎无差别，所以几乎不产生该横向力。

总体而言，不论是进车还是倒车，伴流横向力均是一个较小的量。

（三）排出流横向力

离开螺旋桨的流称为排出流，其特点是流速较快，作用范围较小，水流旋转激烈，如图 5-15 所示。

对于右旋定距单桨船：

前进中进车，正车排出流作用在舵上。正舵时，由于旋转作用，排出流以一定冲角作用在舵叶的左上部和右下部，如无伴流影响，则打在左上方的水流和打在右下方的水流的流速和冲角相等。因此，舵叶左右两侧所受水动力相等，不存在排出流横向力。当受伴流影响，由于船尾螺旋桨处伴流的纵向流速分布特点是上大下小，且伴流与排出流方向相反，致使打在舵叶左上部的排出流因受较大伴流影响，其流速与平均冲角较之打在右下方的排出流要小，作用力相应就小，因此，使舵叶右侧的水动力大于左侧，产生推尾向左的正车排出流横向力，如图 5-22 所示。

该横向力大小的因素与伴流横向力相同，即 V 形船尾、船速高、转速快、伴流上下分布差异较大，该力较大。

当静止或后退中开进车，由于作用在舵叶两侧的水动力差异，主要以伴流存在为条件，因此，正车排出流横向力很小，可以忽略不计。

螺旋桨倒车时，倒车排出流作用在船尾部两侧，排出流斜向打在船尾右上方和船尾的左下方。由于船尾上肥下瘦，打在船尾右上方的排出流对船体的冲角和作用面积均大于船尾的左下方部位，因此，在船尾两侧产生也是推尾向左的倒车排出流横向力，如图 5-23 所示。

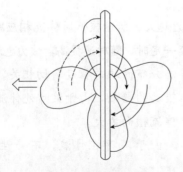

图 5-22　螺旋桨正车排出流横向力

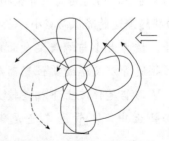

图 5-23　螺旋桨倒车排出流横向力

对船尾的横剖面形状上下变化不大的船舶，则倒车排出流横向力相应较小。

当高速前进中倒车，开始时船速较高，倒车排出流打到船尾的速度较小，初期该力不明显，但随着船速降低，该力迅速增大。

　　正车排出流横向力与倒车排出流横向力相比较，由于倒车排出流作用在船尾部，作用面积大，作用力较强，对船舶操纵的影响比较明显，而无论处于何种状态，右旋定距单桨船的排出流横向力方向均向左，使船首向右偏转。

中心偏位横向力

　　前进中船舶，受螺旋桨吸入流、伴流以及船尾部线形影响，从船底沿船体线形流向螺旋桨盘面的水流中有自下而上的斜流，称线形斜流。这种斜流具有向上分速，故又称上升斜流。

　　由于上升斜流作用，右旋定距单桨船，前进中进车，右边桨叶向下转动时迎向上升斜流，使得作用在桨叶上的水流相对流速增加，推力增大；左边桨叶向上转动和上升斜流同向，水流速度变小，推力减弱。这样使得螺旋桨总的推力中心不在桨轴中心线上，而偏向右侧，称为推力中心偏位，如图5-24所示（图中×为推力作用点）。

　　当前进中倒车时，左侧的桨叶呈顶流、右侧的桨叶呈顺流状态，使左侧桨叶的拉力大于右侧桨叶的拉力，整个螺旋桨的拉力中心偏向于螺旋桨中心的左侧，称为拉力中心偏位，如图5-25所示。

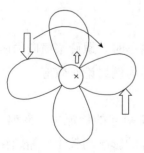
图5-24　推力中心偏位

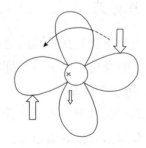
图5-25　拉力中心偏位

　　总而言之，螺旋桨推（拉）力中心偏位的方向与螺旋桨旋转的方向一致，引起的中心偏位横向力使船尾向右，船首向左偏转。船速越高、螺旋桨转速越高，则中心偏位越明显，引起的中心偏位横向力越大。但总体而言，不论是进车还是倒车，螺旋桨中心偏位引起的横向力均是一个较小的量。船舶在静止或后退中，因为上升斜流微弱，中心偏位横向力的效果可以忽略。

右旋定距单桨船各种螺旋桨横向力产生的条件及作用规律，如表 5-1 所示。

表 5-1　螺旋桨横向力产生的条件及作用规律

横向力种类	产生条件	量级	影响因素	方向	致偏作用
沉深横向力	$h/D<0.65\sim0.75$ 或水深较小	较大	h/D 越小，水深越浅、船速越低、转速越高，横向力越大；空载时作用明显	与螺旋桨旋转方向相同	进车，艉左偏倒车，艉右偏
伴流横向力	船有进速，伴流存在	小	船速越高、转速越高，该力越大	与螺旋桨旋转方向相反	进车，艉右偏倒车，艉左偏
排出流横向力	进车时伴流存在；倒车时排出流能够作用于船体艉部	进车较小，倒车时大	排出流速度越大、艉吃水越浅，该力越大	向左	艉右偏
中心偏位横向力	前进中，上升斜流存在	小	船速越高、转速越高，推力中心偏位越明显	推力偏右，拉力偏左	艉左偏

四、车效应

车效应是指船舶在不同的运动状态下用车时，螺旋桨横向力所引起的船体运动状态的变化。以下以右旋定距单桨船为例讨论车效应。

（一）静止中进车

开始动车时，因为不存在伴流（吸入流引起的伴流可以忽略），伴流横向力、进车排出流横向力以及推力中心偏位的影响均较小，船舶在沉深横向力的作用下使船首左偏。

空船或轻载时，螺旋桨的沉深比 h/D 比较小，沉深横向力较大，船艉左偏比较明显。重载船的沉深比 h/D 比较大，沉深横向力较小，但在水深吃水比 H/d 比较小时，沉深横向力仍可能较大，但由于船舶质量和吃水较大，沉深横向力致偏效应不明显。

船舶在静止中进车，螺旋桨排出流的作用能够产生足够的舵效，用 $2°\sim$ $3°$ 舵角即可克服横向力的致偏效应保证船舶直航。

（二）静止中倒车

静止中的船舶操正舵倒车时，由于不存在伴流，只有倒车排出流横向力及沉深横向力的影响使船首向右偏转。

空船或轻载时，螺旋桨的沉深比 h/D 比较小，沉深横向力较大，而且船舶质量及吃水较小，船首右偏比较明显。重载船的沉深比 h/D 比较大，沉深横向力较小，但在水深吃水比 H/d 比较小时，沉深横向力仍可能较大，同时倒车排出流横向力总是较大的量，因此，仍有明显的船首右偏。

船在静止中由于吸入流产生的舵力极低，即便使用右满舵也不能控制这种船首右转的现象。

（三）前进中进车

船舶在进车前航时，沉深横向力、伴流横向力、进车排出流横向力以及推力中心偏位均存在，其作用方向相反，致偏效应取决于各种横向力的大小。

低速时，伴流横向力、进车排出流横向力以及推力中心偏位的影响均较小，船舶在沉深横向力的作用下使船首左偏。随着船速的提高，沉深横向力减弱，而伴流增大，伴流横向力、排出流横向力推尾向左的影响增强，将逐渐削弱甚至克服沉深横向力的使船首向左偏转的作用。同时由于上升斜流速度增加，推力中心偏位横向力使船首左偏。

因此，船舶在进车前航时，螺旋桨横向力的致偏效应极小，总体偏转不明显，不管左偏还是右偏，这种偏转均较小，可用舵保证船舶直航。

（四）前进中倒车

船舶在前进中倒车，开始倒车时，前进船速尚高，伴流仍很强，伴流横向力的影响使船首左偏，拉力中心偏位的影响也使船首左偏。此时，因船前进的速度较高，沉深横向力推首向右作用尚较小，而倒车排出流难以作用到船尾，使船首右偏的影响也较弱。总体而言，船舶的偏转方向不定，此时由于有一定舵效，用舵可克服偏转。

随着船速降低，沉深横向力与倒车排出流横向力的影响逐渐增强，而伴流横向力与推力中心偏位逐渐减弱，船首将出现明显右偏。此时，船虽仍在前进中，但倒车排出流却大大降低了舵处的来流速度，舵效极差，因此操舵无法克服偏转。一般船舶为抑制船首右转，只有在倒车开出之前先操左舵，使船先具备左转趋势，上述右偏现象才能有所缓解。

（五）后退中进车

船舶在后退中进车，与静止中的船舶进车时相同，因为不存在伴流（吸入流引起的伴流可以忽略），伴流横向力、进车排出流横向力以及推力中心偏位的影响均较小，船舶在沉深横向力的作用下使船首左偏。

螺旋桨排出流的作用能够产生一定的舵效，可以用舵克服螺旋桨的致偏效应。

（六）后退中倒车

船舶在后退中倒车，与静止中的船舶操倒车时相同，由于不存在伴流，只有倒车排出流横向力及沉深横向力的影响使船首向右偏转。

随着船舶退速的提高，沉深横向力减弱，同时在船首向右、船尾向左的偏转过程中受到船两侧，尤其是船尾左侧的水动力作用，船首右转减缓，偏转速度将趋于稳定。

船舶退速较大时，舵速提高，舵力能起一定的作用。实船表明，若此时操左满舵，则加快船舶向右转头；若操右满舵，则可抑制船首右偏，有些船舶或可保持直退状态，但就一般而言，后退中的舵力，大多不能制止船首向右偏转。

第五节　流对船舶操纵的影响

船舶在水中运动时，总是会受到水流的影响。对船舶操纵来说，流是一种外界影响，流速和流向是不可控制的。但通过操纵措施可以减小流对船舶的影响。流会影响船舶的航行轨迹，不但影响航行效率，甚至可能危及船舶的安全，存在搁浅、碰撞等危险。本节主要讨论均匀流对船舶操纵的影响。

一、流对航速和冲程的影响

（一）流对航速的影响

船舶在均匀流场中航行，船舶对地速度（航速）为船对水速度（船速）与流速的矢量之合。

$$\vec{V_O} = \vec{V} + \vec{V_c} \qquad (5\text{-}4)$$

式中　$\vec{V_O}$——航速，船舶对地速度；

　　　$\vec{V}$——船速，船舶对水速度；

　　　$\vec{V_C}$——流速。

当流向与船舶的艏艉向平行时，式 5-4 即可简化为航速是船速与流速的代数和。顺流航行时，航速为船速与流速之和；顶流航行时，航速为船速与流速之差。因此，在船速和流速不变的条件下，顺流航行时的航速比顶流航行时的航速大两倍的流速。

当流向与船舶的艏艉向有一定交角时，流速和船速的矢量合为航速 V_O，该航速的纵向分量使船舶沿艏艉线作纵向运动，而横向分量将使船向来流的相反一舷作横向运动，如图 5-26 所示。

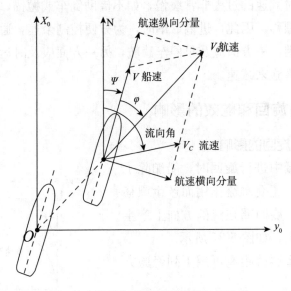

图 5-26　航速与船速及流速的矢量关系

这种受流影响而产生横向漂移即通常所称的"流压"。在图 5-26 中航速 V_O 与船舶艏艉线的夹角 φ 即称为"流压差角"。流速越大，流与船舶艏艉线交角越大，船速越慢，流压差角就越大，船舶向下流侧的横向漂移速度也就越快。

流的影响是造成船舶搁浅、碰撞等事故的原因之一。操船时尤其应警惕横流的影响，特别是船舶以较低航速在狭窄水域航行或船位距离碍航物、其他锚泊船较近时。

航行中为保持船舶沿计划航线行驶，需根据流压大小进行流压差修正，当水域宽阔，可通过提速或改向减小流的影响；受限航道中，横流较大时，因改向受限需通过提速来降低流压差角。

船舶离靠泊或港内调头操纵中，一般船速较低，流的影响无法通过提速来克服，多需要借助侧推器、拖船、锚等操纵手段。船舶顶流靠泊时，应根据流速大小控制好流压差角，掌控好船速，以使船舶平稳地靠上泊位。尤其急流时，应避免交角摆得过大，造成压碰码头的事故。

（二）流对冲程的影响

冲程是指船舶对水移动的距离，船舶顶流和顺流航行时，若其他条件相同，停车冲程是一致的。但是，此时两者的对地冲程不同，顶流时，对地冲程减小，流速越大对地冲程越小；顺流时，对地冲程增加，流速越大对地冲程越大。

由于靠泊时减速的过程非常缓慢，如不借助倒车或抛锚，船舶将按水流的速度和方向漂移。因此，进港靠泊时，为方便控制余速，通常选择顶流靠泊。如顺流进港，一方面应及早停车淌航，另一方面应及时运用倒车、抛锚或拖船制动等措施来减速。

二、流对旋回和舵效的影响

（一）流对旋回的影响

在有流水域中进行旋回时，船舶除了作旋回运动外，还受水流作用而产生漂移运动，流越急，旋回圈在流的方向上产生的漂移距离越大，如图 5-27 所示。

旋回中流致漂移距离可用下列经验方法估算：

排水量 5 000t 以下船舶：流致漂移距离为 74 倍的流速；排水量 5 000～10 000t 船舶：流致漂移距离为 86 倍的流速；排水量 10000～50000t 船舶：流致漂移距离为 111 倍的流速。估算时，流速单位为节，求得流致漂移距离单位为 m。

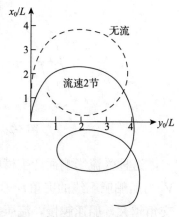

图 5-27　流对旋回的影响

在狭水道、港内旋回时，应对旋回操船所需时间作出充分的估计，尤其在排水量大、船速低、浅水中船舶旋回性能变差等因素影响下，旋回时间增加明显时，流致漂移距离将相应加大。

（二）流对舵力和舵效的影响

舵力及其转船力矩与舵速的平方成正比，而舵速与船舶对水速度（船速）成正比，不论顶流或顺流，只要船速相同，流的影响仅使航速（对地速度）发生变化，而不改变船舶对水的相对速度，因此，舵速保持不变。所以在舵角及螺旋桨转速（排出流速度）等条件相同时，顺流和顶流时的舵力相等，其转船力矩也相同。

虽然顶流、顺流时舵力及其转船力矩相同，但舵效不同，因为舵效是个对地的概念与船舶对地速度（航速）有关。流速相同、船速不变时，顶流时航速较顺流时小两倍流速，故使用相同的舵角，顶流时能在较短的距离上使船首转过较大的角度，因此顶流时的舵效比顺流时好。也即在舵角相同、船速不变的情况下，航速越低，舵效越好。需要注意的是当船首斜向顶流时，船舶向迎流舷回转困难，舵效反而差。

三、弯曲水道的水流特点及其船舶操纵

弯曲水道与直航道不同，其水深由凸岸向凹岸侧逐渐增加，且由于弯道环流作用，在凸岸侧常存在淤积现象，甚至形成沙嘴或浅滩等。因此水流向凹岸一侧冲压，近凹岸侧流速大，凸岸侧流速小，由于弯曲水道的主流、回流等影响，加上岸壁效应和浅水效应，使船舶操纵变得困难。

（一）顶流过弯

在顶流中过弯，应保持船位在水道中央略偏凹岸一侧，将船首迎着流，慢速、小舵角顺着凹岸的弯势保持连续内转，切忌把定。即使船首向始终处于航道轴线的内侧，随时与岸线保持平行，尽量使船沿着水流流线航进，如图 5-28 所示。

一旦用舵太迟或过早把定，就会使船首内侧受流而外偏，导致船身径直冲向凹岸，图 5-28 中①位置。此时，应迅速加车用舵纠正之。当措施无效时，应果断抛双锚，快倒车，以防发生触碰岸壁事故。

（二）顺流过弯

在顺流中过弯，应保持船位在水道的中央，使船尾坐着流，沿着弯势操舵逐步地连续内转，保持与岸线平行，顺流中速度不易控制，舵效比较迟钝，为保证顺利过弯，可以提前停车溜航，在到达弯段前突然加车，以提高舵，如图 5-29 所示。

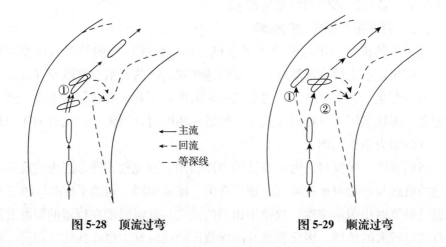

图 5-28 顶流过弯　　　　　　　图 5-29 顺流过弯

过于靠近凹岸航行时，船首将被排开，船尾被吸拢，使船产生转头而横越水道，甚至导致船尾扫触凹岸，如图 5-29 中①位置；反之，过于靠近凸岸，船首会受到弯嘴回流的作用而偏转，同时船尾也受到流压，使船首冲触凸岸，如图 5-29 中②位置。

（三）弯曲水道中操纵的注意事项

①注意保持船舶转向的连续性，密切注意船首的偏转趋势；

②过弯时的车速和船速均不宜过快，以舵效有利于操纵和避碰为原则；

③对于整段曲率相近的弯曲水道可始终围绕某一舵角操纵，避免忙乱地使用车、舵；

④尽管顶流过弯相较顺流过弯舵效好，但斜流对船舶的偏转作用和横移作用较强，不应对顶流过弯掉以轻心；

⑤顺流过弯航速不易控制，舵效较差，风险大于顶流过弯。

第六节　风对船舶操纵的影响

一、风对船舶的作用中心

在水面航行的船舶，由于船体水面以上部分暴露在空气中，受到风力的作用，会改变船舶在静水中的运动状态，进而影响船舶操纵的安全性。

（一）风压力

风压力是指处于一定运动状态下的船舶，船体水面以上面积（简称受风面积）所受的空气动压力的总和。

船舶所受风压力的大小与风速、受风面积、风舷角以及船型等因素有关。风速增加,风压力增大,船舶受风影响大;风速、风向一定时,受风面积越大,风压力也越大,船舶压载状态时比满载状态受风面积大,因此,船舶压载状态更易受风影响;风舷角接近船舶艏艉线方向对船舶影响小,接近船舶正横时影响大;船型因素则体现在船体在水线上的正投影面积和侧投影面积的大小,干舷较高、上层建筑较大的船型,受风影响大。

(二)风压力中心位置

风压力中心位置是指风压力在船舶受风面积上的作用中心沿纵向的位置,如图 5-30 中的 A 点。其位置一般以风压力中心 A 点距船首的距离 a 与两柱间船长 L_{pp} 的比值(a/L_{pp})来表示。

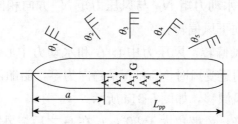

图 5-30　风压力中心位置及其与风舷角关系

风压力中心位置(a/L_{pp})随风舷角(θ)的增大,逐渐由船的前部向后移动,当风舷角(θ)由 0°到 180°变化时,风压力中心位置(a/L_{pp})在 0.3~0.7 之间。

除船的艏艉方向相对风向外,风压力中心大多靠近船体中心。当风舷角小于 90°即风从正横前吹来时,风压力中心 A 点在重心 G 之前;当风舷角等于 90°即船舶正横受风时,$a \approx 0.5 L_{pp}$,则 A 点位于船中附近;当风舷角大于 90°即风从正横后吹来,A 点在重心 G 之后,如图 5-30 所示。

同一船舶在平吃水时,受风面积中心多位于船中之后,风压力中心相对比较靠后;压载状态艉倾较大时,受风面积中心可能位于船中之前,则其风压力中心相应比较靠前。

二、船舶受风作用后的偏转规律

船舶在受风作用下偏转运动的方向,取决于风压力中心 A、船舶重心 G、水动力中心 W 三者之间沿船舶艏艉纵向的位置关系。

船舶重心 G 一般情况下约在船中稍后。

风压力中心 A 如前所述，当风自正横前吹来时，一般在重心之前；横风时一般在重心附近；正横后来风，则一般在重心之后。

水动力中心 W 决定于水与船相对运动方向。船舶前行，或风来自后方吹动船舶向前漂移时，水动力中心在重心之前；船舶横移时 W 在重心附近；船舶后移时，W 在重心之后。

以下就船舶各种运动状态来分析船舶在风中的偏转规律。

（一）船舶静止中受风偏转规律

静止中船舶，若风从正横前吹来，风舷角小于 90°，A 在 G 之前，风压力矩 N_a 使船首向下风偏转，同时船身向下风侧漂移。在船舶偏转和漂移的同时，船体水线下部分受到水动力作用，由于漂角大于 90°，W 在 G 之后，产生水动力矩 N_H，水动力矩 N_H 与风压力矩 N_a 方向相同，两者之和构成合力矩 N，使船首向下风偏转。

随着船舶向下风偏转，风压力中心 A 和水动力中心 W 逐渐向船舯接近，直至变成正横附近受风时 N_a 和 N_H 趋向为零，船舶停止偏转，并将以接近正横状态向下风漂移，如图 5-31a 所示。

风从正横后吹来，风舷角大于 90°，A 在 G 之后，风压力矩 N_a 使船尾向下风偏转，同时，由于漂角小于 90°，W 在 G 之前，产生水动力矩 N_H 使船首向上风偏转，合力矩 N 的共同作用使船尾向下风偏转。

同样，船舶最终也将转至接近正横受风状态并向下风漂移。如图 5-31b 所示。

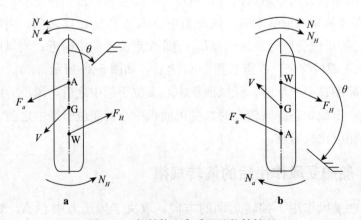

图 5-31 船舶静止中受风及偏转情况

因此，静止中的船舶受风时，船舶迎风端将向下风偏转，直至转到接近正横受风状态，同时船体一直向下风漂移。由于渔船风压力中心位置近于船中附近，最终渔船多维持在正横受风状态（风舷角在90°左右）向下风漂移。

（二）船舶前进中受风偏转规律

前进中船舶，正横前来风，风舷角小于90°，A和W都在G之前，船舶受风作用下的偏转，取决于水动力矩 N_H 与风压力矩 N_a 之差及其方向。当水动力中心W前移至风压力中心A之前（船速较高状态），N_H 大于 N_a，船首向上风偏转；当水动力中心W在风压力中心A之后（船速较低状态），N_H 小于 N_a，船首向下风偏转，如图5-32a所示。

根据经验：满载或半载、快速、尾受风面积大时，多为船首向上风偏转；空船、慢速、艉倾、艏受风面积大时，多为船首向下风偏转。当风向来自正横前后各约30°范围，风速低、航速高时，船首向上风偏转的倾向越明显，需操下风舵，才能保向航行。

当正横后来风，风舷角大于90°，A在G之后，而船舶处于前进中，故W在G之前。此时 N_H 和 N_a 方向相同，构成的合力矩 N 使船首向上风偏转，如图5-32b所示。

由此可见，船舶前进中，正横前来风比正横后来风的合力矩小，如图5-32 a 和 b 之比较。因此斜顶风航行时比斜顺风时易于保向。

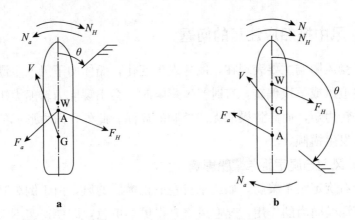

图5-32 船舶前进中受风及偏转情况

（三）船舶后退中受风偏转规律

后退中船舶，正横前来风，风舷角小于90°，A在G之前，而船舶后退中W在G之后，N_H 和 N_a 方向相同，构成的合力矩 N 共同使船尾向上风偏转。这种现象也称"尾找风"，如图 5-33a 所示。

当风从正横后来时，风舷角大于 $90°$，A 在 G 之后，而船舶后退时，W 也在 G 之后。此时船舶偏转方向由 N_a 与 N_H 之差及其方向来决定，如图 5-33b 所示。由于船尾要比船首肥大，且船尾还有舵及车叶等设备，所以当倒航中船舶有一定退速时，作用于船尾部下风侧的水动力 F_H 迅速增大，而且 W 比 A 更靠近船尾，N_H 往往大于 N_a，使船尾向上风偏转。但若退速较低，F_H 较小，此时则受 N_a 作用，船尾向下风偏转，其偏转规律基本上与静止中相同。

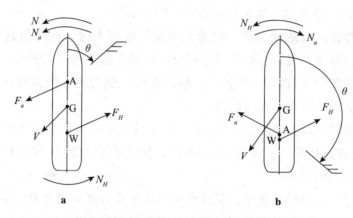

图 5-33 船舶后退中受风及偏转情况

三、风中操船应注意的问题

船舶受风影响主要表现在，船速发生变化，船体向下风产生漂移，同时船首将向上风或下风偏转。有时受风影响时，会出现舵力转船力矩不足以抵御风力偏转力矩，而导致操舵无法控制的局面。此外，风力形成的横倾力矩会使船体发生横倾。

（一）风对右旋定距单桨船影响

对于右旋定距单桨船，如遇来自左舷正横后的风，由于倒车时螺旋桨排出流和沉深横向力的作用，艉迎风将来得更早更急，即使退速不大，风力不太强时，也会出现艉迎风现象。

如遇右正横后来风，艉迎风则必须以一定的后退速度和一定的风速为条件，不具备这种条件，船尾便向下风偏转。即正横后来风时，左舷来风比右舷来风"尾找风"显著。

后退中的船舶，即便不考虑螺旋桨的影响，一直用正舵，也不具备航向稳定性，加之舵效又极差，因此，除非风速极低、退速极慢，否则这种艉迎风趋向很难控制。而且在艉迎风后，由于风压力中心 A 和水动力中心 W 之间不容易找到平衡点，船尾还会左右偏荡难以稳定下来，同样也不具备航向稳定性。

通过上述分析，风致偏转规律可归纳为：

①船舶在静止中或船速接近于零时，船舶迎风端将向下风偏转直至接近风舷角 90°左右向下风漂移。

②船舶在前进中，正横前来风，慢速、空船、艉倾、船首受风面积较大的船舶，船首顺风偏转；前进速度较大的船舶、满载或半载、艏倾、船尾受风面积较大的船舶，船首将迎风偏转；正横后来风，船舶将呈现极强的（船首）迎风偏转性。

③船舶在后退中，在一定风速下并有一定的退速时，船舶（船尾）迎风偏转。这就是通常的艉找风现象，正横前来风比正横后来风显著，左舷来风比右舷来风显著；退速极低时，船舶的偏转与静止时的情况相同，并受倒车横向力的影响，船尾不一定迎风。

（二）风致漂移

静水中的船舶因风的直接作用和水动力的间接作用而产生的横向运动称为风致飘移。

船舶试验表明，受风时的飘移速度除与船舶受风特点有关外，还与船速密切相关。船舶受风作用下产生向下风漂移，漂移速度在船舶停止时最大，随船速增加，船舶漂移速度反而降低。在浅水中，由于船舶所受的横向阻力增大，风致飘移速度较深水中显著减小。

1. 船舶停于水上的漂移速度

停于水上的船舶在受风作用时最终将保持正横附近受风，并匀速向下风横向漂移。

2. 航行中船舶的漂移速度

航行中的船舶受风作用下，边前进边向下风漂移，同时船首还将产生偏转。因此为了保持船舶沿预定航线保向前进，必须使用风压差并压一舵角来达到目的。

风压差大小与风速、船速以及横移速度有关。风速增大，风压差增加；船速增加，风压差随之降低；此外，横移速度小，风压差也小。通常风压差只有几度，若风压差达 10°，则船舶将处于近乎不可保向的范围。

船舶航行中的漂移速度除与影响停船时的漂移速度的因素相同之外，还与本船船速密切相关。船速越低，横漂速度越大。因此在港内靠离泊或掉头操纵过程中，应根据船舶当时漂移速度及下风侧可供使用的水域大小，以可供操纵使用的时间与完成整个操纵过程所需的时间相比较，确定是否安全可行，做到心中有数。

（三）强风中操船的保向

对应于某一定船速，当风速大到某一界限以上时，操舵不能抵消风力作用时，便会出现凭操舵不能保向的现象，有的甚至出现即使用满舵，也无法保持航向。

强风中的保向性和舵角、风速与航速之比及相对风向角有关：

①同一条船的压舵角大，易于保向。

②船舶于正横附近或稍后受风时，保向最为困难。风速只要达到船速数倍时，就将出现即使满舵也无法操纵的情况。

③船舶斜顶风的保向性较斜顺风时好。

④保向性范围总的来说随风速的降低而扩大，随船速的降低而减小，增大压舵角可扩大保向范围。

由此可知，提高航速、增加压舵角、采取斜顶风是提高船舶保向性的有效措施。但提高船速是有限度的，对于任何船舶，随着风速提高均存在受风不能保向的范围。在近岸水域船舶往往低速航行，尤其是在较窄的近港航道上，强风中低速航行出现不能保向问题将会导致灾难性后果。操船者应掌握不同船速、不同风舷角情况下的船舶可保向的极限风速。

思考题

1. 简述影响航向稳定性的因素。
2. 简述影响船舶保向性的因素。
3. 简述航向稳定性与保向性的概念、区别与联系。
4. 试述船舶旋回运动过程的 3 个阶段及各阶段运动特征。
5. 简述旋回圈的定义及其要素。
6. 试述影响旋回圈的因素。
7. 试述停车性能与停船性能的差异。
8. 试述紧急停车性能的特征参数包括哪几项。

9. 试述倒车时航向变化量与螺旋桨旋转方向的关系。

10. 试述影响船舶紧急停车距离的因素。

11. 简述舵力的概念及其影响因素。

12. 简述舵效的概念及其影响因素。

13. 试述提高舵效的措施。

14. 试述螺旋桨排出流与吸入流的特点。

15. 试述额定船速、海上船速和港内船速的区别。

16. 简述螺旋桨横向力的种类及其作用规律。

17. 试述右旋定距单桨船前进中倒车至停船过程中螺旋桨横向力及相应影响因素。

18. 试述流对冲程的影响。

19. 试述流对旋回的影响。

20. 试述流对舵力和舵效的影响。

21. 试述顶流过弯的操纵技巧。

22. 试述顺流过弯的操作技巧。

23. 试述船舶过弯曲水道时操纵的注意事项。

24. 试述右旋定距单桨船风致偏转规律。

25. 试述前进中船舶的风致漂移速度与哪些因素有关。

26. 试述强风中船舶的保向性。

第六章　渔船操纵

本章要点：舵令及操舵基本方法、调头操纵要点、进退调头法、顺流抛锚调头、锚地选择、单锚泊、双锚泊、抛锚、走锚、起锚、靠泊操纵、离泊操作、船间靠离、对拖渔船接近操作、围网渔船接近操作。

　　人员不仅是影响船舶操纵安全性与准确性的主观因素，更是关键性因素。也是人员、船舶、外部环境三者中最为重要的一环。由于渔业生产的特殊性，在渔场时船舶密集、操纵频繁、复杂；返港则大多赶在大潮汛集中卸鱼、添加补给，码头停泊船只较多、空挡小，离、靠操纵困难。因此，操纵渔船需要发扬操纵人员的主观能动性，加强责任感，依托本船的船舶性能，结合当时的外部环境，因地制宜地灵活掌握各种操纵方法，安全稳妥地操纵船舶。

　　本章在介绍操舵及舵令相关知识的基础上，主要阐述了调头、锚泊、离靠码头和船间靠离等内容，以期提供给操纵人员在实际船舶操纵过程中的有效借鉴和参考。

第一节　操　　舵

一、操舵要领和基本方法

　　船舶在航行或离、靠泊位，傍靠他船过程中，由船长、引航员或当值驾驶人员根据操船的需要，对舵工下达舵令，由舵工根据口令进行操舵，以控制船舶的运动状态。

（一）操舵要领

　　操纵人员在下达舵令时，应考虑到船舶在各种不同情况下的应舵性能和舵工的操舵水平。舵令中除了"什么舵""舵灵吗"和"什么航向"可以直接回答外，其他舵令都要求操舵人员予以重复一遍，并按照舵令立即执行。当操舵人员按照舵令完成操作后，再次将执行情况报告驾驶员，驾驶员听到报告后，应回答"好"，来加以确认，并核对舵工的执行是否正确。如遇到操舵人员重复舵令不对或操作完成不对时，驾驶员应立即加以纠正。当驾驶员发出舵令而操舵人员没有重复时，驾驶员须再次重复发出舵令，直到操舵人员重复为止，舵令的发布与复诵均应及时、正确、口齿清晰、声音洪亮、指令明确，防止出现差错。如驾驶员发出的舵令与实际情况不符时，操舵人员可以提醒驾驶员注意。当驾驶员发出左或右舵后，未再发出回舵的口令时，操舵人员同样要提醒驾驶员。此外，船舶对舵的响应不灵敏或异常，舵工应即刻报告。

（二）操舵的基本方法

1. 按舵角操舵

舵工在听到驾驶人员下达舵角口令后，应立即复诵并迅速、准确地把舵轮转到指令指定的位置上，注意查看舵角指示器所指示的舵叶实际偏转情况和角度，当舵叶到达所要求的角度时，即舵角指示器的指示与舵令一致，应及时报告。在驾驶人员下达新的舵令前，不得任意变动舵的位置。

2. 按罗经（航向）操舵

船舶在海上航行时，大多按罗经操舵，使其保持在所需的航向上。

当船舶需要改变航向，驾驶人员可直接下达新航向的口令，舵工复诵并将新航向与原航向作比较，从罗经刻度上可清楚地判断出新航向在原航向的哪一边，从而决定采取左舵或右舵。

舵工应根据转向角的大小、本船的旋回性能和海况等情况，决定所用舵角大小。在一般情况下，如转向角超过30°，可用10°～15°舵角；如转向角小于30°，则宜用5°～10°舵角。当操舵使船舶开始转向后，可根据罗经基线和刻度盘的相对转动情况，掌握船舶回转时的角速度。当船舶逐渐接近新航向时，应根据船舶惯性和回转角速度的大小，按经验提前回舵并可向相反方向压一舵角，以防止船舶回转过头，并较快地将船舶稳定在新航向上。

在船舶按预定航向航行时，由于受到各种因素的影响，经常会发生偏离预定航向的现象。为此，舵工应注视罗经刻度盘的动向，发现偏离或有偏离的倾向时，应及时采用小舵角（一般为3°～5°）进行纠偏，以保持航向。例如，当罗经基线偏在原定航向刻度的左边时，这表示船首向已偏到原航向的左边，应操相反方向的小舵角（右舵，3°～5°即可），使船首向（罗经基线）返回原航向。纠偏时要求反应快、用舵快、回舵快。

如发现船首向总是固定向一侧偏转时（通常是船舶受单侧风浪、潮流或积载不当，或由于船型、推进器不对称等干扰因素的影响所引起），应采用适当的反向舵角，来消除这种偏转，通常称为"压舵"。所用舵角大小，可通过实践的方法来确定，通常先操正舵，查看船首向着哪一舷偏转，然后向相反一舷操舵角，如所用舵角太小，船首仍将偏向原来的一舷；舵角太大，则反之。反复调试所采取的舵角，直至能将船首向较稳定地保持在预定航向上。

3. 按导标操舵

在近岸航行时，特别是在狭水道或进出港时，经常利用船首向对准某个导标航行。舵工根据驾驶人员所指定的导标，操舵使船首向对准该目标，并记下航向度数，报告给驾驶人员。如发现偏离，立即进行纠正，并注意检查航向有无变化，如有变化，舵工应及时提醒驾驶人员是否存在风流压。

4. 大风浪中操舵

由于船舶在大风浪天气下左右前后摇摆颠簸剧烈，航向很难稳定。此时，应由有经验的人员操舵，应细心观察风流影响的综合结果，提前回舵或压舵。

为便于指挥或操舵，无论采用哪种操舵方法，驾驶人员或舵工都应掌握船舶在不同受载，不同风浪水流和水深、不同车速等情况下的舵性，熟悉舵设备各开关和旋钮的作用。

（三）舵的操作

舵的操作分为随动舵操作、应急舵操作和自动舵。

1. 随动舵操作

用舵转换开关将舵的操作转换为随动舵方式（follow up）操作舵轮即可，依命令的舵角转动舵轮，使相应舵角度数显示在舵轮或舵操作面板上，实际舵角则反馈显示在舵角指示器上。

指令为舵角时，复诵后将舵轮转至命令舵角后停止，观察实际舵角在舵角指示器上显示与命令舵角一致时进行报告。如果两者存在误差，在误差允许范围内（除正舵外小于1°），可用舵轮微调，使舵角指示器上显示的舵角为舵令指定的舵角。在误差允许范围外则需要校正调整。因此，船舶开航前需要对舵。

2. 应急舵操作

用舵转换开关将舵的操作转换为应急舵方式（NFU、NFU Split），操作应急舵操作手柄即可。当应急舵操作手柄顶部指向 port 时，为向左转舵；指向 stbd（starboard）时，为向右转舵。实际舵角反馈显示在舵角指示器上。

指令为舵角时，根据舵令操作手柄顶部指向相应方向，由于实际舵角停留位置在松开手柄后略有延迟，应观察实际舵角接近舵令所需舵角时，提前松开手柄，使实际舵角最终停留在舵令所需舵角上。如果位置有差异，可通过向左、向右扳动手柄进行微调。

使用应急舵操作时应当注意，该模式下，只要手柄一直扳向某一侧，舵就一直向该侧转动，只有松开手柄，舵才能停止转动。因此严禁在达到满舵状况下继续向同侧扳动手柄，以避免损害舵机。此外，在正常情况下，应使用随动舵操作模式。

自 动 舵 操 作

用舵转换开关将舵的操作转换为自动舵方式（Auto Pilot），设置好航向及参数，船舶则按设置的航向航行（具体操作参见航海仪器部分）。

使用自动舵操作时应注意，在转换为该模式前，应首先使用手操舵（随动舵操作模式或应急舵操作模式），将航向调整到计划设置的航向上，舵角处于正舵位置时，进行转换，以避免舵机因负荷过大而受损。

二、操舵口令

舵令是由船长、值班驾驶员或引水员根据船舶操纵的具体情况，对操舵人员传达有关舵角或航向的操舵指示口令。

常用舵令的中英文对照见表 6-1，其中 X 代表数字，舵令一般使用 5（five）、10（ten）、15（fifteen）、20（twenty）、25（twenty-five）直到满舵。对于航向则是从 0 到 359 的数字，当驾驶员人员要求操舵至某航向时，应先叫操舵方向，然后接续分别读出每一位数字，包括零在内，例如：

ORDER   舵令

"Port, steer zero eight two"   左舵，航向 082

听到舵令时，舵工应复述，并操舵尽快将船首向稳定至该航向。当船首向稳定在该航向上时，其应大声报告：航向 0、8、2，（不能读作航向 82°）"Steady on zero eight two"。发令人也应对舵工的回答作出回应。

表 6-1 常用舵令中英文对照表

发令 Order	复诵 Reply	报告 Report	说 明
左（右）舵 X Port (starboard) X	左（右）舵 X Port (starboard) X	X 度左（右） Wheel (is on) Port (starboard) X	数字指舵角度数，舵工接到口令后操舵角到口令所需舵角
左（右）满舵 Hard a Port (a starboard)	左（右）满舵 Hard a Port (a starboard)	满舵左（右） Wheel Hard a Port (a starboard)	操舵角到满舵，一般舵角为 35°
正舵 Midships	正舵 Midships	舵正 Wheel's a Midships	操舵使舵角迅速回到"0"
回舵 Ease helm (Ease the wheel)	回舵 Ease helm (Ease the wheel)	舵正 Wheel's a Midships	操舵使舵角逐渐回到"0"
回到 X Ease to X (degrees)	回到 X Ease to X (degrees)	X 度左（右） Wheel's eased on Port (starboard) X (degrees)	操舵使舵角逐渐回到指定度数
把定 Steady	把定 Steady	把定（航向 XXX） Steady (Course XXX)	发令后，舵工操舵将船稳定在发令时的航向（或物标）上
航向 XXX Course XXX	航向 XXX Course XXX	航向 XXX 到 Course on XXX	稳定在给定的数字航向上
向左（右）X 度 X degrees to port (starboard)	向左（右）X 度 X degrees to port (starboard)	航向 XXX 到 Course on XXX	改变航向用，舵工根据口令操舵使原航向向左（右）改变×度，到达新航向时汇报"航向×××"。要注意这个口令是罗经度数，不是舵角
不要偏左（右） Nothing to port (Starboard)	不要偏左（右） Nothing to port (Starboard)		（不需要报告，但操舵时要注意）要舵工操舵时注意不要偏到航向的左（右）边去
航向复原 Course again	航向复原 Course again	航向 XXX 到 Course on XXX	临时改变航向后（如为了让船）。要回到原操舵航向上航行，舵工操舵将航向变回来，待回到原航向后汇报原航向的度数

（续）

发令 Order	复诵 Reply	报告 Report	说 明
航向多少 What course （What heading）	——	航向 XXX Course XXX	应报告当时罗经航向
什么舵 What is your rudder	——	X 度左（右） Wheel port （starboard）X	询问当时舵角度数
舵灵吗（舵效如何） How is your rudder （How does she answer）	——	正常 All right（very good） 很慢 Too slow（very slow） 不动 No answer 反转 Answer back	询问当时舵效情况 正常：很好 很慢：表示舵角已压，但船却 比平时转得慢 不动：表示舵角已压，但船 不动 反转：表示舵角已压，但船向 相反方向转动
稳舵（舵操稳点） Mind your rudder	稳舵 Yes，Sir		要求舵工注意力集中，不要偏 离航向
把定当前航向 Steady as she goes	把定当前航向， 航向 XXX Steady as she goes， Course XXX	把定在 XXX 度 Steady on XXX	在听到下达的舵令时，舵工应 复述舵令并报告下令航向。 当船舶稳定在该航向上时，舵 工应报告：把定在 XXX 度
把浮筒/标志/立标/ （其他）保持在左 （右）侧 Keep buoy/ mark/beacon （others）on Port （Starboard）side	把浮筒/标志/立标/ （其他）保持在左 （右）侧 Keep buoy/ mark/beacon（others） on Port （Starboard）side		把浮筒/标志/立标/（其他） 等放到本船的左（右）舷
如舵不灵立即报告 Report if she does not answer the wheel	好的 Yes，Sir	舵没有反应 Wheel's no answer	当舵没有舵效时报告
完舵 Finish with wheel	完舵 Finish with wheel		用舵完毕，舵不用了

第二节　调头操纵

船舶调头是船舶操纵中的经常性工作，指将船舶航向调转较大的角度（一般为180°）。在宽阔的海面上，只要利用舵力就可一次性地顺利完成。但在港内、狭水道等狭窄水域掉头，由于环境复杂，必须配合使用车、舵、锚、侧推器或外力协助等，完成掉头操纵。

一、调头操纵要点

①根据船舶的操纵性能、排水量结合水域及水文气象条件选择适合的调头操纵方法。

②利用螺旋桨倒车效应进行调头。对于右旋单车船宜采用向右掉头，以便必要时倒车，借助沉深横向力和排出流横向力加速船舶右转。

③争取较大的转船力矩。转船力矩越大，则船首偏转加快，船舶旋回圈减小，调头所需的水域变小。为使船舶获得较大的转船力矩，可通过短时间快车、大舵角来实现。

④利用风力调头。当遇到4～5级以上的横风时，为争取上风位置，减少风致漂移，宜采取迎风调头，特别是空船更应如此。若水域狭窄，应采取迎风抛锚调头更为安全。

⑤利用水流调头。顶流调头，船速易控制，调头时初始舵效好，便于调头，但应在下游留有充足水域，避免由于船舶漂移距离过大而处于危险局面；顺流调头，船速不宜控制，初始舵效差，宜辅以拖锚方式协助调头。

利用水流调头时，一定要注意选择适当的调头时机，最好在平流时抵达调头区，争取调头在流速较缓时进行，切忌在急涨或急落流中调头。

如果船舶不得不在弯曲水道地段调头，可根据凹岸流速大于凸岸的特点，顶流调头时，将船首置于凹岸急流侧，船尾近凸岸缓流侧；顺流调头则反之。利用船舶艏艉的流速差，加速船舶调头。

⑥利用抛锚调头。用锚可以刹减船速、控制船舶的旋转半径。当水域情况受限时，可通过抛锚，用锚控制船舶需要的调头水域范围。

⑦注意控制船速和船位。利用目视附近串视物标、雷达、GPS及电子海图等一切有效手段，掌握船舶的运动趋势，通过车、舵、锚、侧推器或拖轮等控制好船速与船位，在艏、艉部的驾驶员应及时、准确地向驾驶台报告

船舶艏艉离障碍物的安全距离，以便船长采取正确的操纵措施。

⑧大型渔船应尽可能在规定的调头区域进行调头操纵，并事先向监管部门及附近其他船舶进行通报，以策安全。操纵中注意保持操作的连续性，若中途停顿，则可能导致调头操纵的失败。

⑨操舵旋回调头所需水域范围较大，一般不小于3倍船舶总长。如果船舶装有侧推器，则使用侧推器进行调头可减小所需水域范围，但无论如何不得小于2倍船舶总长。单桨船利用锚和风、流有利影响调头所需水域应为2倍船舶总长。

二、调头操纵的基本方法

（一）进退调头法

根据单桨船的操纵性能，交替利用进、倒车配合操舵进行调头的操纵方法，对右旋定距单桨船多采用向右调转的方法，以实现在狭小水域完成调头180°的操纵。操纵得当可在2倍船长左右或更小的圆形水域内实现调转，如图6-1所示。

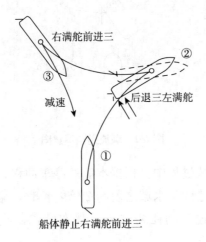

图 6-1 进退调头法

船舶停车淌航至位置①时，操右满舵全速进车。此时螺旋桨滑失很大，船首可迅速向右偏转，且由于船速不大，前冲距离有限；在抵位置②之前即用后退三，则舵力、螺旋桨沉深横向力、倒车排出流横向力均推尾向左，有利于船首进一步右转；到达位置②即船舶停止前冲时，操正舵，待船舶开始后退时操左满舵，保持船首继续右转；至位置③时，如果确认位置已够，操右满舵并全速进车，待船首调转至接近 180°时，适时减速、把定。如果一次进、退车不能完成调头，可反复多次进、退车来完成。

对于单位排水吨分配的主机功率较高的中小型船舶，上述方法极为有效，万吨船舶在无风微流条件下也可行。

显然，对于左旋定距单桨船，则应选择向左调头更为有利。

（二）顺流拖锚调头

顺流抛锚时，流速宜缓，以不超过 2 节为宜。对右旋定距单桨船多采用抛右锚向右调头的方法，如图 6-2 所示。

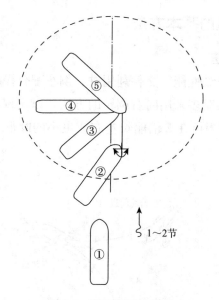

图 6-2　顺流抛锚示意图

船舶接近调头水域过程中，根据本船的停车冲程，适时停车淌航，必要时进行倒车减速。抵达调头水域之前约 2 倍船长时，船位应摆在调头区中心线稍偏左的位置，船速控制在 2～3kn，操右满舵，使船首向右转动，见图6-2 中的位置①。

抛锚位置应为调头水域的上游。抵达调头区抛锚位置时，使船舶对水速度减至 0 节，航向角与流向成 20°～30°交角，见图 6-2 中的位置②，抛下右锚，并一次松出所需链长，然后刹牢锚机。一般出链长度为 2.5～3 倍水深。

如抛锚后发现船舶冲速过快，为避免松链过多，拖锚不动而导致断链和丢锚。应及时倒车，必要时加抛左锚，出链长度 1 节入水，以控制冲势。

船舶在锚和水流作用下开始向右转动，至图 6-2 中的位置③，当船首转过 70°左右后，由于流压和锚链的张力的作用，船身易出现后缩现象，应注意船舶艏艉的距岸距离和周围情况，必要时进车加以抑制。

当转向至横向受流，见图 6-2 中的位置④，水动力、锚链受力和转向角速度都达到最大值。这时可根据当时船舶运动和锚链受力情况，运用右满舵、低速进车缓解锚链受力。

船舶航向转过 90°之后，水动力矩逐渐减小，转向角速度也随之降低，当转向角约为 150°时，见图 6-2 中的位置⑤，可进车，操右舵协助右转。当转向角约为 180°时，可进行起锚操纵。如果加抛了另一只锚，应先绞后抛的锚，以免双锚发生绞缠。

（三）静水港抛锚调头

在无流水影响的静水港内，船舶为实现在原地小范围内调头，可采用抛锚协助调头。此时船舶可微进车抛锚，借助锚位作为旋转点，向左或向右视船舶操纵性能和风的影响进行选择。

拖船协助调头

拖船协助调头是指船舶借助拖船的拖力或推力产生的回转力矩使船舶调转的操纵方式。在水文、气象条件比较恶劣的情况下，或操作水域狭窄的情况下，可借助单拖轮协助调头。

为了便于控制船速，缩短调头水域，一般情况下流速不宜超过 1kn；最好在平流时抵达调头区，争取调头在流速较缓时进行。

作为右旋定距单桨船，为了利用调头过程中可能的倒车操纵产生的横向力，最好选择向右调头。

第三节　锚泊操纵

锚泊是船舶最常用的停泊方式之一。锚泊操纵涉及锚地的选择、锚泊方式的选择、安全出链长度，以及锚泊过程中减缓偏荡和预防走锚措施等。

一、锚地的选择

一般港口都有指定的通用或专用锚地，但具体的锚泊位置可以由操船者在有限范围内自由选择。锚地水深、船舶密度、避风条件等差别较大，须根据船舶本身的特点选择合适的锚泊位置。在选择锚地时，一般须考虑锚地水深、底质和地形、回旋余地、避风条件等因素。

（一）锚地水深

选择锚地最小水深时，应考虑船舶吃水、海图水深、当地潮差、波浪高度及船舶的摇摆程度等因素。同时，锚地水深的选择既要保证船舶有较好的操纵性能，又要保证锚泊过程中的停泊安全。

锚泊时，最低潮时所需锚地最小水深：在无浪涌或遮蔽良好时，可取1.2 倍的船舶最大吃水；有浪涌或遮蔽不良时，可在 1.5 倍的船舶最大吃水的基础上再增加 0.67 倍的最大波高。

在深水水域锚泊时，锚地的最大水深，应考虑锚的有效抓力和锚机的额定起锚能力等因素。考虑到锚的有效抓力，锚地最大水深一般不宜超过一舷锚链总长的 1/4。考虑到锚机的起锚能力，深水抛锚的水深极限一般可取 85m。

（二）底质和地形

锚抓底之后能否发挥出较大的抓力与底质的关系极为密切。软硬适度的沙底和黏土质海底抓力均好，泥沙混合底次之，硬泥、软泥底质较差，石底、珊瑚礁底不宜抛锚。

锚地的海底地形以平坦为好，若坡度较陡（等深线较密）则将影响锚及锚链的抓力，容易出现走锚。另外，在底质不明的水域不宜锚泊。

（三）回旋余地

锚泊后，随风流方向的变化，船舶将围绕锚位回转，为保证船舶安全，要有足够的回旋水域。其所需回旋水域半径取决于水文气象条件、出链长度、船舶长度及水深等因素。

单锚泊占用水域范围为圆形，如图 6-3 所示。

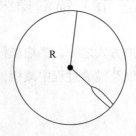

图 6-3　单锚泊船回旋水域

其所需锚泊水域半径为：

$$锚泊所需水域半径＝船舶总长＋出链长度 \qquad (6-1)$$

其中出链长度，当风力小于等于七级时，一般为 5～6 节；当风力大于八级时，一般为 7～9 节；

在锚泊船密度较高的遮蔽良好水域或港内水域锚泊时，所需锚泊水域半径为：

$$锚泊所需水域半径＝船舶总长＋实际允许出链长度 \qquad (6-2)$$

此外，为保证锚泊安全，锚泊船的船尾还要与航道、浮标和其他固定设施以及满足水深要求的水域边界等保持 2～3 倍船长的安全距离。

(四) 避风条件

锚地水域周围的地形应能成为船舶躲避风浪的屏障，以保证锚泊水域海面的平静。尤以可防浪涌袭扰的水域为最好。

当根据当地气象预报、海浪预报和所处海区盛行的季风选择锚地时，应以免受强风袭扰，靠上风水域一侧为原则（避风水域内）。

(五) 其他方面

所选锚地附近应远离航道或水道等船舶交通较密集地区，还应是无海底电缆、输油管路等水中障碍物的水域，水流宜缓且方向稳定。

二、进入锚地操船法

①船舶进入锚地的航线设计应尽可能缩短在锚地内的穿越距离，以减低与其他船的碰撞风险。

②驶向锚地过程中，应根据水文气象、碍航物、通航密度及本船惯性适时停车，抵锚位前船舶应保持一定的舵效。

③驶向锚位的船舶航速低，受风流影响较大，为防止船舶被风流压向其他锚泊船，应从锚泊船船尾通过，尽可能避免从锚泊船船首通过。

④加强瞭望，应特别注意正在起锚准备开航的船舶，也应注意与锚地中在航船舶的避碰。

⑤船舶进入锚地的船艏向最好指向风、流作用的合力方向。锚地有他船锚泊时，可根据其他锚泊船的船首向和锚链的松紧程度大致判断当时的风、流作用力的方向和大小。

⑥通常，压载船舶遭遇大风且流速较小时，宜采用船首顶风抛锚方式；重载船舶遭遇急流且风力较小时，宜采用船首顶流抛锚方式。风舷角或流舷

角越小越安全，一般不宜大于 15°，切忌在横风、横流时抛锚。

三、抛锚

抛锚操纵根据锚的使用数量可分为单锚泊和双锚泊两种方式。其中双锚泊按照两锚链方向的交角进行分类，又分为八字锚、一字锚、平行锚和串连锚 4 种方式。依据锚地条件、底质、风、浪、流等情况确定锚泊方式后，就需要采取相应的抛锚方法。

（一）单锚泊操纵方法

单锚泊是指船舶在锚地采用单锚进行锚泊的停泊方式，如图 6-4 所示。一般情况下，船舶多采用单锚泊方式进行停泊。

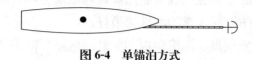

图 6-4　单锚泊方式

与双锚泊方式比较，单锚泊方式具有操作简单，抛、起锚方便，适用范围较为广泛等优点。其不足之处是大风、急流情况下锚泊力略显不足，且偏荡严重，容易导致走锚。单锚泊操纵方法有前进抛锚法和后退抛锚法两种。

1. 备锚

备锚是指使锚和锚链处于预备抛出状态。包括启动锚机、解开制链器、合上离合器、用锚机将锚从锚链孔处送至预定抛出高度、刹紧制动器、脱开离合器等操作步骤，然后等待抛锚指令。

锚备妥后，锚冠至海底的高度称为预定抛出高度，简称"抛锚高度"。为避免造成刹车失效或锚机损坏，以及锚与海底撞击而产生变形或损伤，抛锚高度不宜太高。

按照抛锚高度进行分类，抛锚方法可分为浅水抛锚和深水抛锚两种方法。

从锚链孔处直接抛锚或在水面以上 1～2m 处进行抛锚的方法称为"浅水抛锚法"。这种方法一般适用于 25m 以下的水深，如图 6-5a 所示。

备锚时将锚送入水中距海底一定高度的预备抛出状态，从这一高度抛锚的方法称为"深水抛锚法"。这种方法适用于 25m 以上水深，如图 6-5b 所示。

水深为 25～50m 时，平均抛锚高度约为 12m；水深为 50～80m 时，可利用锚机先将锚送达海底的预备抛出状态，即抛锚高度为 0m；水深超过 80m 时，可利用锚机将预定需抛出的锚链全部送出，并使锚链横卧海底。

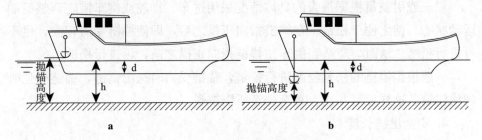

图6-5　不同水深的抛锚高度

2. 抛锚时的船速

一般采用后退抛锚法。抛锚时的退速不宜过高，否则，容易出现出链过快而刹不住的现象，造成断链、丢锚或锚机损坏等事故。一般认为，停船后船舶对地略有退速时为抛锚的最佳时机。小型船舶退速一般应控制在 2 节以下，排水量越大的船舶，退速相应也越小。

落锚时机选择

正确判断船速是选择落锚时机的关键。传统上可用正横附近灵敏度较高的串视物标之间的相对运动来判定。还可充分利用精度较高的 DGPS 的船速进行判断。此外，长期的海上实践经验表明，当倒车排出流水花抵达船中部时，一般船舶已对水停止运动，即船对地略有退势。但值得注意的是，在有流的影响时，这时船舶对地的速度约等于流速，因此，在流速较急的锚地抛锚时应参考对照其他观察方式，以免造成断链或丢锚事故。

3. 调整姿态及松链

将锚抛入水中，一般先出短链，视锚链滑出的长度适时将锚机刹车刹紧。这样即可防止锚链堆积过多，又可缩短拖锚距离，迫使锚很快抓底。可根据水深情况确定短链长度，一般抛出 2～2.5 倍水深的短链长度时，应将锚链刹住，利用船后退的拉力使锚爪啮入土中。

抛出短链后，抛锚操作人员应随时将水面以上锚链部分的松紧程度和方向情况向驾驶台报告。锚链方向通常用整点时钟表示，例如，"12 点钟方向"表示锚链指向正前方；"3 点钟方向"表示指向右正横；"6 点钟方向"表示指向正后方，"9 点钟方向"表示指向左正横，以此类推。

船长或引航员根据报告的具体情况采用进车、操舵或倒车措施调整船舶运动状态，使之便于松链。在锚链指向正横之后，即使锚链受力较大，也不可进行松链。这时，应适当倒车使锚链指向正横之前，再进行松链。

一般根据锚链的松紧程度进行松链，锚链受力时送出锚链，锚链松弛时刹住锚链，这样反复几次，直至松至所需链长。

4. 安全出链长度

单锚泊出链长度一般可参考下列经验公式：

风力八级时：出链长度（m）＝3 倍锚地水深（m）＋90（m）

$$(6-3)$$

风力十一级时：出链长度（m）＝4 倍锚地水深（m）＋145（m）

$$(6-4)$$

船舶在水深小于 30m 的锚地锚泊时，风力小于七级，出链长度一般为 5～6 节；风力大于八级，出链长度一般为 7～9 节。在深水锚地抛锚时，如锚链长度无法满足上述经验公式时，可考虑双锚泊方式。

5. 锚抓底情况的判断

锚链松到所需链长后，应将刹车刹牢，仔细观察锚链受力状态，确认锚链受力正常并有效抓底后，再合上制链器。如使用锚机进行送链的情况下，最后还应将离合器脱开，不使锚机受力。在一切收拾妥当并获得驾驶台许可后方允离开。

锚抓底情况的判断，如图 6-6 所示。

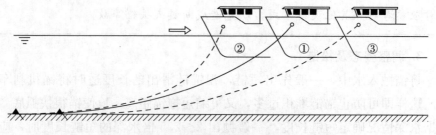

图 6-6　锚的抓底情况判断方法

停止松链几分钟后，船舶在风、流及船舶惯性作用下将以微小速度后退，锚链随着船舶的后退逐渐绷紧，水面处锚链较快速地抬离水面。这时，锚链受力最大，露出水面的锚链长度也最长，如图 6-6 中的位置①。

如果锚链绷紧之后短时间内变得松弛，即露出水面的锚链长度缓慢缩短，抬离水面的部分锚链回落入水，锚链成自然悬垂状态，仿佛有一个从受力到回力的过程，则说明锚已经稳定抓底，如图中的位置②；反之，如果锚链长时间处于绷紧状态或锚链绷紧时抖动，则说明锚没有稳定抓底，而处于走锚状态，如图中的位置③。

如果船舶处于走锚状态，应起锚后重新抛锚。

（二）双锚泊操纵方法

双锚泊方式分为八字锚泊、一字锚泊、平行锚泊和串连锚泊 4 种方式。各种锚泊方式的操纵要领如下。

1. 八字锚锚泊操纵方法

"八字锚泊"是双锚泊方式之一。船舶先后抛出左右两个锚，使两锚链保持一定水平张角的锚泊方式称为八字锚泊，如图 6-7 所示。

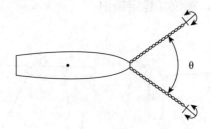

图 6-7 八字锚锚泊方式

与单锚泊比较，八字锚泊方式具有锚泊力较大，回旋水域较小，大风、急流情况下对偏荡有一定的抑制作用等优点，适于底质差、风大流急、单锚泊抓力不足或为有效防止风流所致偏荡的情况；其缺点是操作较为复杂，当风、流方向经常改变后，两锚链容易绞缠，故使其应用范围受到一定的限制。目前，即使是小型船舶，也很少采用这种方式进行锚泊。但有些组合系泊方式中常采用八字锚。

八字锚泊时，通常两链的夹角为 $30°\sim60°$；为防止偏荡，两链夹角应为 $50°\sim60°$。八字锚泊的锚泊力为单锚泊的 $1.7\sim1.8$ 倍。

根据抛锚时风的来向不同，八字锚的操作方法分为顶风（流）后退抛锚法和横风（流）抛锚法两种，而横风（流）抛锚法又分为前进中抛锚和后退中抛锚。下面分别对各方法的操纵要点加以叙述。

（1）顶风（流）后退抛八字锚　如图 6-8 所示，使船迎风、迎流或迎风流之合力方向缓速航进到位①，在略有退势时，抛下任一舷锚（风流不一致时，应先抛上风锚）。倒车后退松链约 2 节，船退到位②。进车，向未抛锚舷施舵，为保证最终八字锚两链夹角为 30°～60°，应控制已抛锚的链长（此时等于两锚间距）为预定出链长度的 0.5～1 倍，（位③时），用舵调整船身，并抛下另一锚。然后，随着风流作用船体后退，继续松链至预定长度，使两链均衡受力，并保持有一舷的连接卸扣留在甲板上（锚链绞缠时用于清解），船最终在位④停泊稳妥。

（2）**横风（流）抛八字锚**　分为前进抛锚法和后退抛锚法两种。这里的前进抛锚和后退抛锚主要是指抛出第一锚的方法，而第二锚的抛法为了保证抓底，应采取后退抛锚法。

横风（流）前进抛锚法，如图 6-9 所示。船横风流缓速航进至位①时，抛上风（流）锚，进车松链，达位②时，微倒车，在船舶后退时抛下风（流）锚，利用风流将船压向下风下游方向，同时相应松出两链至预定长度，并调整使其受力均匀，在位③稳定锚泊。

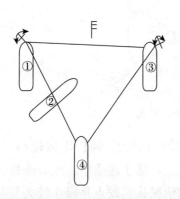

图 6-8　顶风（流）后退抛八字
　　　　锚操纵示意图

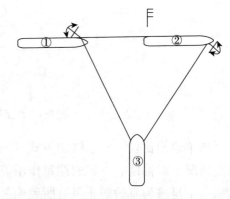

图 6-9　横风（流）前进抛八字
　　　　锚操纵示意图

横风（流）后退抛锚法，如图 6-10 所示。船横风流缓速航进至位①时，微倒车，在船舶后退时先抛下风（流）锚，边倒车边松锚链，至位②时，微退中抛出上风（流）锚，随后利用风流将船压向下风下游方向，相应松出两链至预定长度，并调整使其受力均匀，最终在位③稳定锚泊。

2. 一字锚锚泊操纵方法

在狭窄水域内，船舶沿流向先后抛出左右两个锚，使两锚链水平张角保持在 180°左右的锚泊方式称为一字锚泊，如图 6-11 所示。

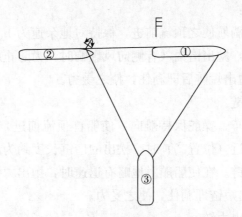

图 6-10　横风（流）后退抛八字锚操纵示意图

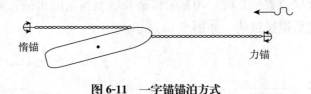

图 6-11　一字锚锚泊方式

在流的作用下，产生锚泊力的锚称为力锚；另一锚则称为惰锚，相应的锚链分别称为力链和惰链。通常力链长度为 3～4 节，惰链长度为 3 节左右。一字锚泊方式具有最大限度地限制锚泊船运动范围的优点，故多用于往复流的狭水道或河道内临时锚泊；其缺点是作业较为复杂，风、流方向经常变化后两锚链容易绞缠，且大风、急流情况下锚泊力不足，一般仅适用于小型船舶。

一字锚泊一般采取顶流操纵方式，可分为前进抛锚和后退抛锚两种操纵方法。先抛惰锚、后抛力锚的方法称为顶流前进抛锚法；先抛力锚、后抛惰锚的方法称为顶流后退抛锚法。

（1）顶流前进抛锚法　如图 6-12 所示。

图 6-12　顶流前进抛一字锚操纵示意图

适时抛出惰锚：

船舶及早停车淌航使之顶流前进，保持对地余速为 1.0kn 左右抵达惰锚附近（位置①）时，抛出惰锚（有侧向风影响时，为防止两锚链绞缠，惰锚应为上风舷锚）。抛出短链后即刹住，使之受力。

前进中松出惰链：

根据需要，进车、操舵保持航向，使船首顶流前进，并慢速松出惰链。当船首抵达力锚附近（位置②）时，松出的惰链长度约为预定两舷出链长度之和，然后刹住惰链。在使船舶对地略有退速时，抛出力锚（有侧向风影响时为下风舷锚），出短链即刹住，使之受力。

绞进惰链、松出力链：

随着船舶的缓慢后退，慢速松出力链，同时绞进惰链，直至船首抵达两锚位中点附近（位置③）时，调整两锚链长度至预定的出链长度。

（2）顶流后退抛锚法　如图 6-13 所示。

图 6-13　顶流后退抛一字锚操纵示意图

适时抛出力锚：

抛力锚的方法与单锚泊抛锚方法相似。船舶及早停车淌航使之顶流前进，船舶抵达力锚位置，并稍有退速（位置①）时，抛出力锚（有侧向风影响时为下风舷锚），抛出短链后即刹住，使之吃力。

后退中松出力链：

随着船舶的缓慢后退，慢速松出力链。当船首抵达惰锚位置附近（位置②）时，松出的力链长度约为预定两舷出链长度之和。然后进车，在使船舶对地略有进速时，抛出惰锚（有侧向风影响时为上风舷锚）。

绞进力链、松出惰链：

进车、操舵调整船速及保持航向，使船顶流缓慢前进。惰链受力后，随着船舶的缓慢前进松出惰链，同时绞进力链。直至船首抵达两锚位中点附近（位置③）时，调整两链至预定出链长度。

两种抛锚方法比较：

顶流前进抛锚法有利于保向、锚位准确、风流作用下两锚均保持良好抓底状态等优点，因而被普遍采用。而顶流后退抛锚法具有防止惰链受力过大的优点，但不利于保向，特别是受到较大外力影响时，如横风等，很难有准确锚位和良好的锚泊状态。

由于一字锚泊不适用于长时间停泊，且一般为浅水区域，因此，力链和惰链出链长度一般相同，约为 3 节甲板。但在涨、落潮流速不等的水域，流速较大方向的锚链可出链 4 节甲板，流速较小方向的锚链可出至 3 节甲板。两锚链松紧程度应适当。遭遇横风影响时，两锚链过紧可能因锚链受力过大而造成走锚；过松可能因船舶向下风漂移距离较远而失去一字锚的作用。为便于锚链绞缠后的清解，应使两锚链的连接卸扣位于甲板上。

3. 平行锚锚泊操纵方法

船舶同时抛下左右两锚，使双链长度相等并保持平行，即两锚链水平张角保持在 0°左右的锚泊方式称为平行锚泊，也称为"一点锚"，如图 6-14 所示。

图 6-14　平行锚锚泊方式

平行锚泊方式具有锚泊力较大（约为 2 倍单锚泊的锚泊力）的优点。我国南海海域常受台风袭扰，有些船长采用平行锚泊方式来抵御台风的影响，取得了良好的效果。缺点是不能有效抑止偏荡的产生，风、流方向经常变化后两锚链容易绞缠。

平行锚的锚泊操作相对简单，适时控制船速，当船舶顶风流抵达锚位且略有退势时，将两锚同时抛出，然后两锚松链至所需长度并相等即可。

4. 串连锚锚泊操纵方法

在主锚上串连一个小锚一起抛投海中的锚泊方法，叫作抛"串连锚"，如图 6-15 所示。串连锚抛妥后，连系大、小锚的系缆始终平卧在海底，增加了大锚（主锚）的系留力。我国广大渔民在跟大风大浪斗争中为了防止走锚，经常采用这种抛锚方法。

串连锚的连接方法，如图 6-16 所示。

大、小锚之间由锚缆（连接缆）用卸扣连接。锚缆的大小和长短根据小

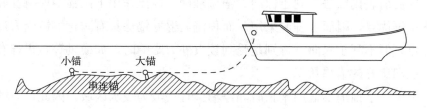

图 6-15　串连锚锚泊方式

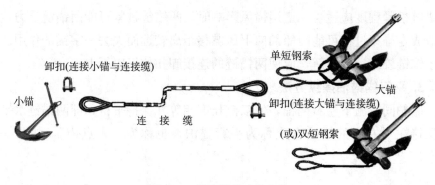

图 6-16　串连锚的连接方法

锚重量和水深而定，一般用直径 24～32mm 的钢丝缆，长度在 20～50m，过长则不便于操作，但无论如何，应使抛大锚时小锚已经着底。

渔船串连锚的小锚重量约为首锚的 1/6，或一般小锚也可以；大船用串连锚时，小锚的重量应是首锚的 1/3。

抛锚操作前应将小锚系上锚标后吊出舷外，并用挂索固定起来，然后将大锚从锚链孔松出，并按图 6-16 的连接方法将大锚、小锚连接起来等候抛锚。当船舶到达预定锚位后，应将小锚先行抛出，等稍微吃力后再抛大锚，要避免在抛出大锚时小锚尚未受力或受力过大。其他步骤同单锚泊操纵方法一样。

四、锚泊船的偏荡与走锚

（一）偏荡

1. 偏荡

锚泊船在风、流、浪等外力、水动力和锚链力的作用下，产生围绕锚泊点的周期性左右摆动现象称为"偏荡"运动。偏荡运动使锚链水平方向增加的额外动力是船舶走锚的主要原因之一，严重的偏荡会导致断链。除一字锚外，单锚泊、平行锚、八字锚、串连锚以及单点系泊等停泊方式都存在偏荡现象，其中单锚泊、平行锚、串连锚及单点系泊的偏荡运动幅度较大。

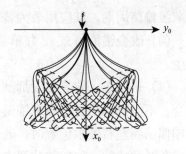

锚泊船偏荡运动过程中，船首、重心和船尾的运动轨迹呈横"8"形，并与风向垂直，如图 6-17 所示。

图 6-17　单锚泊船的偏荡运动轨迹

偏荡运动的特点

（1）**偏荡幅度**　出链长度越长、风力越大、船舶吃水越小，偏荡振幅越大；轻载比重载偏荡幅度大；艉倾比艏倾偏荡幅度大。偏荡振幅最大可达2.5 倍船长。为使偏荡幅度不至于过大，大风浪中锚泊船的出链长度不宜过长。

（2）**偏荡周期**　出链长度越短、风力越大、水面以上受风面积越大、风压力中心位置前移，偏荡周期越短；轻载比重载偏荡周期短。一般单锚泊船的偏荡周期为 10～15min。为使偏荡周期不至于过短，大风浪中锚泊船的出链长度也不宜过短。

（3）**锚链张力**　偏荡过程中，锚链张力的大小随时间呈周期性变化。一个偏荡周期内出现两次最大锚链张力。渔船偏荡时锚链张力为正面所受风压力的 3～5 倍，船舶偏荡周期越短，锚链张力越大。

2. 减轻偏荡的措施

偏荡使船舶产生纵向和横向的周期性运动，严重时会导致断链或走锚，因此，有必要采取措施以减轻锚泊船的偏荡。这些措施包括：

（1）**增加船舶吃水和调整纵倾状态**　轻载或艉倾的锚泊船偏荡剧烈，可通过增加船舶吃水、调整为平吃水或艏倾的方法来减小偏荡幅度、增大偏荡周期。

（2）**加抛止荡锚**　如果偏荡幅度较大，可将另一舷锚在船首刚从极限位置向平衡位置过渡时抛出，出链长度为 1.5～2.5 倍水深并刹牢，使之处于拖锚状态，该短链锚称为"止荡锚"。利用止荡锚可以大大减轻偏荡幅度和减缓偏荡周期，其应用最为普遍。

（3）改变锚泊方式　由单锚泊改为八字锚泊方式可有效防止偏荡的产生。

（4）采用车、舵等手段抑制偏荡　在锚泊船偏荡过程中适时使用车、舵配合，不但可以用进车缓解锚链张力，还可利用微进车减小偏荡幅度。但当船舶偏荡到左右极限位置时，若动车过多，反而会加大锚链的负荷，增加走锚或断链的危险。如船舶装置有侧推器，也可在偏荡时灵巧运用侧推器抑止偏荡。

（二）走锚

走锚是指锚在外力作用下离开锚泊位置而持续拖动的现象。锚泊船走锚可能造成搁浅、碰撞等事故，因此，须采取措施防止走锚。

1. 走锚的原因及姿态

锚泊船走锚的根本原因是外力大于锚泊力。具体讲走锚是由多种原因造成的，这些原因包括锚地底质不佳、出链长度不足、风流方向不一致、外力增大（大风、急流、浮冰等）以及偏荡运动等。其中重要原因是剧烈的偏荡。

走锚时，锚泊船的船首一般位于偏荡运动轨迹的平衡位置附近，处于风舷角最大，且基本固定不变的姿态。

2. 走锚的判断

预防走锚是安全锚泊的必要条件，但预防措施并不一定能完全防止意外走锚。锚泊船走锚之后，防止船舶搁浅、碰撞等事故的关键是发现走锚，并采取适当的应急措施。下面介绍一些行之有效的走锚判断方法及应急措施。

①锚泊时，根据锚地锚泊船的密度和气象水文情况设置雷达和 GPS 等定位系统的"警戒圈"范围，使之能在锚泊船走锚时发出报警。也可根据与锚地的其他锚泊船，特别是下风、下游的船舶的相对位置变化来判断是否走锚。

②仔细观察锚泊船的偏荡运动，如果周期性偏荡运动突然停止，船舶变为一舷受风，锚链处于上风舷侧，且风舷角基本保持不变，则可断定发生了走锚。

③条件允许时，派人到船头观察锚链的受力情况。偏荡运动中，锚链应周期性地张弛。如发现锚链始终处于绷紧状态或发生间歇性的剧烈抖动，即可判断有走锚可能。

3. 走锚的应急措施

①单锚泊船一旦发现走锚，切不可松长锚链，因为松长锚链不利于锚的二次抓底。应立即抛出另一舷艏锚并使之受力，防止船舶由于走锚距离过大而发生搁浅、碰撞等事故。

②通知机舱备车、报告船长、悬挂及鸣放"Y"信号，并用 VHF 等通信手段及时报告有关当局和发出航海警告。

③主机备妥后进行起锚，择地重新抛锚。

五、值锚更与起锚作业

(一) 值锚更

船舶在锚地抛锚后，驾驶员要值锚更班。值班人员应坚守岗位并做到：

①密切注意周围环境和天气的变化。

②注意过往船只和其他锚泊船动态。

③注意本船的号灯、号型是否正常。

④勤测锚位，勤查锚链。

⑤若天气恶劣，风力增大，必要时应备妥主机。

⑥若偏荡剧烈或走锚时，应立即报告船长，采取措施。

⑦如发现他船走锚向我船而来，应马上报告船长并设法与走锚船取得联系并采取行动，避免碰撞。

⑧抛双锚的船舶应记录船舶受风流影响而旋转的方向及旋转的圈数，以便在发生锚链绞缠时，为清解绞缠提供参考。

(二) 起锚作业

1. 准备工作

①通知机舱送电，供锚链水。

②锚机加油润滑，空车试验（正反转），确认一切正常后再合上离合器，打开制链器和刹车带，让锚机受力。

③准备工作完毕，立即向驾驶台报告。

2. 绞锚操作

①接到驾驶台起锚口令后，大副根据锚链受力情况指示木匠以适当速度绞锚。

②开启锚链水冲洗锚链上的污泥。

③绞锚过程中，大副应随时将锚链的方向报告给船长，以便驾驶台进行

车、舵配合绞锚。绞锚操作人员应报告锚链在甲板以下的节数。

④绞锚时若风大流急，锚链绷得很紧，此时不能硬绞，而要报告驾驶台，进车配合，等船身向前移动，锚链松弛后再绞，以防损伤锚链和锚机。若锚链横越船首，应利用车、舵将船逐渐领直后再绞进。

3. 锚离底的判断

首先，锚爪出土的瞬间锚机负荷最大，锚离底后锚机负荷突然下降，此时锚机转速由慢变快，声音由"吭吭"的闷声变为"哗哗"的轻快声。其次，利用海图水深（考虑潮高变化）和出链长度相比较，当出链长度小于水深时，即可判断锚离底。

4. 锚离底

锚离底时应报告，同时降下锚球或关闭锚灯。锚出水后，要观察锚爪上是否挂有杂物，若有应及时清理，然后根据需要将锚悬于舷外待用或收妥。

5. 结束工作

①若锚不再使用、需收进锚链筒时，应慢慢绞进直到锚爪与船舷紧贴为止。

②合上制链器，用锚机倒出一点锚链，使制链器受力，然后上紧刹车，脱开离合器。

③关闭锚链水，盖上锚链筒防浪盖，罩好锚机，用链式制链器加固锚链，封好锚链管口，通知机舱关闭锚机电源。

（三）双锚起锚作业

双锚起锚作业的基本操作可遵照单锚泊起锚作业的程序进行，需要特别说明的有以下几个方面：

①绞锚前应观察两个锚链的方向及受力情况，判断锚链是否绞缠。如果锚链受力较缓，无法判断，可稍微收绞两锚锚链，使锚链适当受力，以便于判断。确认两锚链没有绞缠后再进行后续作业。

②当锚链发生绞缠，需要先进行清解作业。清解方法一种是利用其他渔船或拖轮协助就地转船进行清解；另一种是通过拆卸惰链位于甲板上的连接卸扣，将惰锚锚链断开。然后用钢缆反方向缠绕力锚锚链，钢缆端头拉回到惰锚锚链筒，一端连接断开的惰锚锚链，另一端上滚筒后缓慢绞进断开锚链后再重新连接。使用本方法要注意风、流变化，避免惰锚受风流影响而成为力锚，从而使断开的锚链受力产生危险或丢锚。此外，如果绞缠不严重，可依靠锚机，通过两锚交替绞、松的反复操作进行清解。

③八字锚和一字锚起锚作业时，根据风、流的影响，确定力锚和惰锚后，应先绞收惰锚，同时缓慢松出力锚锚链，至惰锚锚链方向接近垂直时将力锚锚链刹牢，绞进收妥惰锚后再进行力锚的绞锚操作。如风、流影响较小，无法确定力锚，可遵循先抛的锚最后绞进的原则进行操作。

④平行锚起锚作业时，应尽量保持两锚同步绞进，如果锚链受力较大可用车配合，锚链方向接近垂直即将锚离底时再依次进行单锚收绞，一方面可避免锚机负荷过大损坏锚机，另一方面可避免锚链绞缠。

⑤串连锚按单锚泊收绞进大锚后，利用牵引钢缆与大锚端的连接缆连接，然后拆卸大锚端与连接缆的卸扣后，通过牵引缆绞收小锚。

第四节　靠、离泊操纵

船舶靠、离泊操纵时，由于低速行驶，船舶受风流影响较大，且泊位附近可供操纵水域十分有限，给船舶的安全操纵带来挑战。操船者应结合当事船舶的操纵性能，正确运用车、舵、锚、缆、侧推器和拖轮，克服风、流、浅水和受限水域的影响，以便安全、顺畅地完成靠、离泊操纵。

一、靠泊操纵的准备工作

船舶进港靠泊之前，应做好以下准备工作。

（一）了解有关信息

制订靠泊计划应依据三方面的有关信息，包括港口水域信息（航道、泊位、掉头水域等）、水文气象信息（风、浪、流、潮汐等），以及船舶信息（操纵性、载重状态、排水量）等。主要应了解的信息如下。

1. 港口水域

进出港航道信息包括三方面内容。一是航道平面布置，如有效宽度、航道长度、实际水深、航道方向、航道弯势等。二是通航管理规定，诸如分道通航制、港内限速、VHF 的使用等。三是导航设施，诸如航标、导标的配备和布置等。

掉头水域信息主要包括掉头水域直径、水深及其位置等。

码头泊位信息包括两方面的内容。第一是泊位附近可航水域，诸如航道与码头附近的连接水域有无转角、掉头水域范围及位置、码头前沿停泊水域宽度等。第二是泊位平面布置方面的信息，诸如码头方向、泊位长度、泊位水深、泊位前后他船停泊情况、实际泊位空挡大小（一般为船长的120%）等。

2. 水文气象

水文气象信息包括靠泊过程中遭遇的风、流、浪、潮汐等信息。对于风或流的影响，应掌握风向或流向与航道方向及码头方向的交角，确定是吹拢风还是吹开风，顶流还是顺流或开流还是拢流，并掌握风力或流速的大小及变化趋势。对于浪的影响，应掌握浪向与航道方向及码头方向的交角，并注意浪高对船舶吃水及拖船作用效果的影响。对于乘潮进出港的船舶还应掌握当地潮汐的变化情况。

（二）制订靠泊操纵计划

在了解和掌握上述信息基础上，结合本船的载重状态和操纵性能，需在靠泊前预先制订一个完整的靠泊操纵计划。靠泊操纵计划一般由船长或港口引航员制订。该计划中应对靠泊中的关键操作的时间、地点及操纵要点做出概要说明，以便有关人员做好充分准备。靠泊操纵计划一般应包括但不限于下列内容：

①预计靠泊操纵过程中及抵达泊位时的流向、流速、风向、风力、波向及波高；

②确认靠泊舷侧，准备相关舷侧的系缆、锚及设备；

③拖船协助靠泊时，确定拖缆在船上的系带位置及带拖缆时与拖轮的会遇地点；

④确定从锚地起锚的时机，如果从港外直接进港，确定抵达某一地点的时间；

⑤估计通过航道的时间，如果需乘潮通过航道，确定满足乘潮水位的时间段；

⑥如果需要掉头操纵，确定掉头操纵的地点及掉头方向；

⑦确定船舶抵达泊位的时机及时间；

⑧靠泊中可能遇到的险情及其预防和应急措施等。

二、靠泊操纵要领

靠泊过程可分为两个阶段，第一阶段称为"抵泊过程"。抵泊过程中的船舶运动参数有抵泊速度、抵泊横距和抵泊角度等。第二阶段称为"靠岸过程"。靠岸过程中的船舶运动参数有靠岸角度和靠岸速度等。如图 6-18 所示，船舶靠泊操纵要领如下：

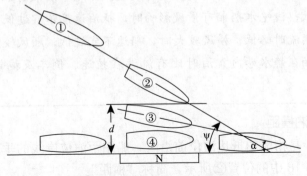

图6-18　靠泊操纵过程示意图

（一）抵泊速度

抵泊过程是控制抵泊速度递减的过程。抵泊余速过高，可能不易停船；抵泊余速过低，又可能由于横风、横流的影响而造成船舶向下风、下游的漂移过大。因此，应根据本船的停车趟航距离及风流的影响，在抵达泊位前适时停车，在能保持舵效的前提下，控制抵泊位前沿时的船速越低越好。一方面可避免过多使用倒车制动失去对船位的控制；另一方面可提供操纵者充足的观察时间和采取有效措施的有利时机。

浅水泊位附近，流速较航道中间缓慢，从航道趟航到泊位时，余速会变大，对此应予注意。

为有利于控制抵泊速度，靠码头时均以顶流（风）靠泊为好。

抵泊速度的控制

实践表明船首抵达泊位后端是船舶控制余速的最佳时机；一般小型船船首抵泊位中间位置时余速最好控制在 2 节（1m/s）以下，这样可通过少量的中速倒车，在半个船长的距离内将船停住；而大型船应控制在 0.5 节以下或停住。

在风、流影响较小的情况下，通常船舶排水量越大、停船性能越差，则抵泊速度应越低。船舶距泊位前沿 3～5 倍船长时，小型船舶余速一般不宜超过 5 节，在该船速下，可利用主机倒车制动和（或）拖锚制动等措施使船舶抵达泊位时停下来；中型船舶不宜采用拖锚制动方法，可用主机倒车制动或拖轮协助，故抵泊速度一般不宜超过 4 节。

上述参考数据应根据具体情况进行调整。深吃水船舶的抵泊速度应比浅吃水船舶略低；浅吃水船舶有横风影响时，抵泊速度不宜过低；顺流时的抵泊速度应比顶流时略低；横风较大时，船速不宜过低；顺风较大时，船速不宜过高；船舶在静水港内靠泊时比有流港在控速、倒车及抛锚时机上一般均早。

（二）抵泊横距

抵泊横距是指船舶抵达泊位前沿时，船舶距泊位岸线的垂直距离，用 d 表示，如图 6-18 中的位置②所示，简称"横距"。

一般情况下，船舶排水量越大，横距应越大；有拖船协助靠泊时，可适当增加横距。小型船舶自力靠泊时，一般选择横距 1.5～2 倍船宽或 20m 左右。中、大型船舶由于有拖船协助靠泊，一般选择横距 2.0～2.5 倍船宽。

上述参考数据应根据具体情况进行调整。通常，压载船舶有吹拢风影响时，应适当增加横距；有吹开风影响时，应适当减小横距；重载船舶富裕水深较小时，船舶横移困难，则应适当减小横距。

（三）抵泊角度

抵泊角度是指船舶接近泊位过程中的航迹向与泊位岸线之间的交角，用 ψ 表示，如图 6-18 船舶①、②位连线与泊位岸线之间的交角。按照抵泊角度进行分类，可分为大角度抵泊和小角度抵泊两种方式。

小角度抵泊时，进港航道方向与泊位方向平行，这时，可对抵泊角度进行选择。在这种情况下，如果船舶顺风流抵达泊位，为了保证船舶具有较好的操纵性能，船舶应顶风流靠泊，则船舶不得不在抵泊过程中完成掉头操作。

大角度抵泊时，进港航道方向与泊位方向有较大交角，有的甚至接近 90°，这时，抵泊过程可能是一个连续转向过程，其轨迹是一弧线，则无法选择抵泊角度，只能根据具体情况进行适当调整。

在可选择抵泊角度的情况下，一般排水量大的船舶宜采用小角度抵泊方式，且排水量越大，抵泊角度越小；有较大吹拢风或吹开风影响时，为了减小船舶下风漂移，宜采用大角度抵泊方式；泊位后方有他船停泊比无他船停泊时的抵泊角度要大；顺岸流流速较高时，宜采用小角度抵泊方式。

（四）靠拢角度

靠拢角度是指船舶向泊位靠拢过程中船首向与泊位方向之间的交角，用

α表示。如图6-18中的位置③所示船首向与泊位方向之间的交角。靠拢角度也称为"入泊角度"。靠拢角度一般不等于抵泊角度。在进行靠拢操作之前，需将抵泊角度调整至适宜的靠拢角度。当进港航道方向与泊位方向有较大交角时，靠拢角度的调整过程相当于大角度的转向过程。按照靠拢角度进行分类，可分为平行靠拢和小角度靠拢两种方式。

靠拢角度决定了船舶靠拢时的接触面积，α≠0°时，接触面积小，船体可能仅与一个护舷接触，如果靠岸速度较大，则可能造成码头或船体损坏。因此，无论采用何种靠拢方式，船舶接触码头的瞬间都应采用平行靠拢方式（α＝0°）。

一般来说，船舶排水量越大，靠拢角度应越小；重载船顶流较强时，靠拢角度宜小；轻载船吹开风较大时，靠拢角度宜大。

通常，小型船舶可采用小角度靠拢方式；中、大型船舶由于其惯性巨大而难以控制，则必须采用平行靠拢方式。

（五）靠拢速度

船舶向泊位靠拢的速度简称为靠拢速度或入泊速度。采用平行靠拢方式时，靠拢速度等于船舶横移速度。船舶接触码头瞬间垂直于泊位的速度称为法向靠岸速度，简称靠岸速度。控制靠拢速度就是控制法向靠岸速度。靠拢过程实质上就是靠拢速度的递减过程。

开始时，靠拢速度可以快一些，之后逐渐降低靠拢速度，直至在快要接近码头时达到所要求的法向靠岸速度。

由于码头设计标准和船体强度的限制，一般对靠岸速度都有严格要求，操纵中应根据船舶排水量大小严格掌握。一般船舶排水量越大，法向靠岸速度应越小。一般万吨级船法向靠岸速度应低于15cm/s；中型船舶应低于10cm/s，由于渔船吨位较小，相应的法向靠岸速度可略高一些。

三、离泊操纵的准备工作

①离泊前，应实地观察风、流及泊位前后情况，前后有无动车余量、锚链方向及长度，系缆的角度及受力状态，以及水域内来往船舶的动态。凡不适宜部分应做必要的调整。

②制订离泊方案。应根据气象、潮汐、泊位特点、船舶动态、装载情况，按照本船实际操纵性能，正确决定离泊时机、离泊方案，并在航前的会议上对相关人员进行布置。

③如有拖船协助，应交待协助操纵方案，以便使其主动配合。

④机舱试车前，驾驶员应到船尾察看系缆及推进器附近是否清爽，舷梯、吊杆及岸上装卸设备是否有碍，在确认无碍后方可试车。另外试舵、试声光信号，并按规定悬挂信号。

⑤备车和拖船就位后再作单绑。使用倒缆摆首或甩尾时必须确保其强度，里挡锚不应与码头护舷齐平，突出部位或触岸部位应垫好碰垫，等水面清爽时即可实施离泊操纵。

四、离泊操纵要领

船舶单绑后，运用车、舵、锚、缆和侧推器，有时在拖船的协助下，克服风、流等外界因素的影响，使船舶离开泊位，随着船速的增加，舵控制航向的能力逐渐增强，风、流造成的漂移逐渐减小，操纵相对较容易。因此，离泊操纵较靠泊操纵容易进行。

通常船舶离泊操纵要领包括确定离泊方式、掌握艏艉摆出角度和控制船舶的前后运动。船舶离泊的操纵要领如下。

（一）确定离泊方式

按照离泊操纵时船首向与码头岸线之间的交角进行分类，离泊方式可分为艏离、艉离和平行离 3 种方式。

1. 艏离方式

艏离方式是指使船首先离开码头，再进行船尾离开的离泊方式，如图 6-19a 所示。

小型船自力离泊时，在顶流或吹开风、泊位前方清爽，且船首摆开 15°时车舵不会触碰码头的情况下，可采用艏离方式。

2. 艉离方式

艉离方式是指使船尾先离开码头，而后再使船首离开的离泊方式，如图 6-19b 所示。

小型船舶自力离泊时，一般采用艉离方式，特别在静水港或顺流情况下。艉离时，一般借助首倒缆，采用内舷舵、进车将船尾摆开。

3. 平行离方式

平行离方式是指使船舶艏艉平行离开码头的离泊方式，如图 6-19c 所示。

由于采用艏离和艉离方式，操纵风险都比平行离方式要大。因此，在有拖船协助离泊的情况下，普遍采用平行离泊方式。中、大型船舶需拖船协助离泊，均采用平行离泊方式。

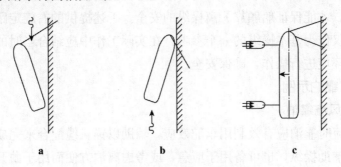

图 6-19　离泊方式示意图

(二) 掌握摆出角度

离泊中的摆出角度，指船首（艏离时）或船尾（艉离时）摆出多大角度时，才进行后续船舶操纵。艏离或艉离时，其摆出角度的大小决定于当时外界环境的影响程度和摆出后的操船需要。

当风流影响有利摆出时，摆出角度应适当减小；如顶流吹开风采用艏离方式，或顺流吹开风采用艉离方式时。相反，当外力不利摆出时，摆出角度应适当增大；如顶流吹拢风采用艉离方式时就是如此。

(三) 安全操纵横距

船舶离开泊位后，可能进行掉头、移泊或出港等后续操纵。这些后续操纵都需要有足够的安全操纵范围，具体讲就是指船舶离开泊位的安全横距。该安全横距取决于风、流的影响、泊位前后的活动空间、后续操纵的需要等因素。直接出港时，泊位前后无他船停泊，安全横距一般至少保证 2 倍船宽，泊位前后有他船停泊，一般至少保证 3 倍船宽。离泊后需在泊位前沿掉头操纵时，安全横距一般至少保证 1 倍船长。

(四) 控制前冲后缩

船舶刚离开泊位时，因受到风流的影响会产生前后运动或艏艉偏转的现象。此时，操船者应密切注意船舶周围的操纵余地，并利用附近的参照物灵敏地判断船舶的运动状况，有效地通过用车、舵、溜缆、侧推器或拖船予以控制。

五、渔船靠、离泊示例

靠、离泊操纵中在遵守前述的基本要领之外，更为重要的是对船舶运动趋势的掌控，通过对风、流变化的准确观测，提前预判船舶运动的发展趋势。对有利的趋势加以利用、对有害的趋势提前管控，趋利避害，始终有效控制船舶，才能保证船舶靠、离操纵的安全。下述提供的右旋定距单桨船典型示例，仅作为基本操纵的一个参考，在实际工作中应结合当时的船况、外界条件与环境进行操作，确保安全。

（一）靠泊示例

1. 无风流靠泊

无风流时靠泊应有效利用车舵效应，辅助以锚、缆配合来完成操纵，其中锚既可辅助操纵，也可备用于应急，或考虑离泊方便而用于抛开锚。

左舷靠泊时，选好串视线，根据本船余速及时停车趟航，一般应调整本船对泊位岸线的靠拢角度为 10°～20°（对倒车偏转特性强的小型船舶靠拢角度取 20°，以防止在位③时，因倒车时间过长，使船尾触碰码头）。当船接近泊位下端，要判断余速，过快时应及时倒车减速。船首抵近泊位中点的余速，以不超过 2 节为宜，通过适当倒车（后退二）或短链拖外舷锚（如水深 10m，出链 1 节入水），既可以将船舶拉停在泊位边，又能使船舶外转该靠拢角度的度数，正好使船舶平行或接近平行地停于泊位处，如图 6-20 所示。此时应先带上艏缆和艏倒缆，再带艉缆，然后前后配合绞缆，使船靠好泊位。

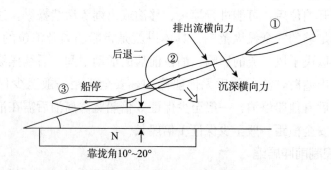

图 6-20 无风流左舷靠泊

右舷靠泊时，考虑到为停船使用倒车会使船首右转，因此应尽量减小靠拢角度（10°～15°），而略加大船舶与泊位岸线的横距，以备倒车时，使船首平稳地接近泊位岸线。停车趟航过程中如舵效极差，可短暂用车改善。位①时，余速偏高可用外舷舵、倒车加以控制。船首抵近泊位中点位②时，倒车偏转特性强的小型船舶，可利用余速、左舵，使船首略微产生外偏趋势，以抑制倒车产生的过快偏转，控制船首缓慢向码头靠拢并及时带上艏缆，随之艉倒缆；然后配合外舷舵、短暂进车带上艉缆、艉倒缆，艏艉配合绞缆，使船靠好泊位。如图 6-21 所示。

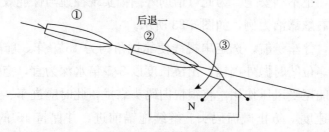

图 6-21　无风流右舷靠泊

2. 顶流靠泊

顶流靠泊，船速易控制、舵效好、船位好掌控。在有流港口是比较安全和常用的靠泊方法。在顶流情况下，左舷靠泊或右舷靠泊的操纵除倒车偏转影响不同，其他基本相似，现仅以顶流左舷靠泊为例，如图 6-22 所示。

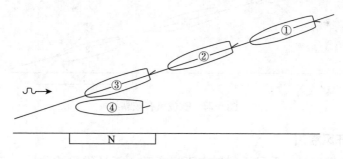

图 6-22　顶流左舷靠泊

如泊位下端无船停泊，可采用较小靠拢角度（一般约 10°，流速较大，则应相应减少靠拢角度），沿选定串视线向泊位接近，位①适时停车趟航。接近位②时，利用相对岸边物标的移动速度（或参考 DGPS、北斗）判断余速，此时余速应比无风流时靠泊时略大，特别在流速较强时，以减少流压的影响及保持舵效。位③时可用外舷舵或如果略有余速，可短暂倒车，利用倒车效应使船首稍向右偏转，使船体与泊位岸线平行，此时通过恰当的车、舵配合，可利用流压，使船体拢向泊位至位④，并迅速带上艏缆、艏倒缆，再带艉倒缆、艉缆。最后利用艏、艉缆绳配合，使船体保持平行于岸线被绞靠至泊位。

3. 吹拢风靠泊

横风、吹拢风 5～6 级时，船速太慢则舵效差，船位不宜控制，风致漂移加大，增加碰撞码头风险；提高船速，会使入泊余速太快，倒车控速时船舶偏转较快，也不利安全。为此可借助外挡锚实现控速与保舵效，完成靠泊操纵，现以右舷靠泊为例，如图 6-23 所示。

位①时，停车趟航，选定串视线使靠拢角约为 15°，车、舵配合沿串视线接近泊位。位②时抛外挡锚，出链长度以 2.5 倍水深为宜，拖锚前进。锚链吃力后，船尾受风压作用，将很快向码头靠拢，此时应进车、内舷舵，控制船尾拢岸速度，防止碰撞码头。继续拖锚前进，并保持 15° 的靠拢角度。至位③时松锚链控制船首缓慢向泊位靠拢，尽快带上艏缆和艏倒缆。通过收紧艏缆、艏倒缆可减缓船尾靠拢速度，如效果不明显，可刹住锚链、内舷满舵（右满舵）、短暂进车控制船尾缓慢靠拢，停车后，带好艉倒缆、再带艉缆。缆绳全部带好后，外挡锚锚链应松至垂直状态，不使受力。

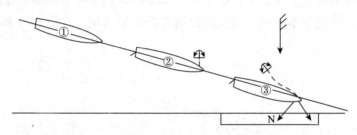

图 6-23　吹拢风右舷靠泊

4. 吹开风靠泊

吹开风靠泊时，受风压船舶向下风漂移，不易靠拢泊位，一般采取较大靠拢角度（约 30°），船速较无风流时稍大，以右舷靠泊为例，如图 6-24 所示。

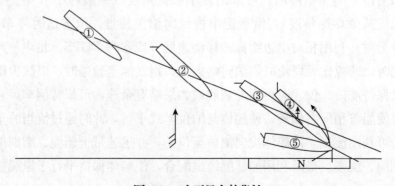

图 6-24　吹开风右舷靠泊

在位①时，不断调整风压差角令船舶驶于预定串视线上，位②时，用较大的角度迎风驶近码头。船首平 N 旗时（泊位 1/2 船长处），位③处。抛外挡锚一节入水（如水深 10m 时），右舵；视拖锚中的船舶余速刹减情况进车，用车级别及持续时间应使船首具有适当速度拢向码头，并且在停车时不为锚链张力拉开船首为度。接近泊位至位④时，如冲势较大难于制止，宜用后退二刹减，并带上艏横缆，继而带上艏倒缆及艏缆，迅速绞进并挽牢，当船首借助于锚链和缆绳固定后，操外舷舵，进车，将船尾靠拢至位⑤时，依次带上艉横缆、艉缆、艉倒缆，收紧靠好。若船尾仍然无法靠拢时，则需要利用拖轮顶艉协助。

5. 顶流平移靠泊

码头上多条渔船并靠，留有嵌挡的情况下，靠这样的嵌挡泊位，需要借助流及车、舵配合，采用顶流平移的方式靠泊。其特点是通过车、舵调整船舶艏艉线与流向的夹角，控制船速的纵向分量与流速相抵，使船体不进不退；利用船速的横向分量使船舶平移靠拢泊位。其操纵如图 6-25 所示。

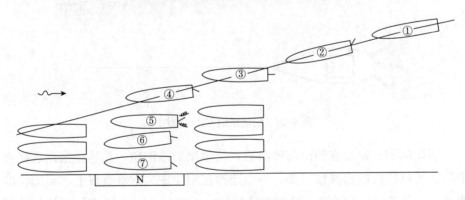

图 6-25 顶流平移靠泊

位①时停车趟航，沿选好串视线前进。位②时，右舵、逐渐减小船体与流的交角，并用车控制余速。船舶在泊位后端平他船外挡至位③时，调整船体平行于泊位岸线（即船首迎流），并与最外挡停泊船保持至少 10～20m 的横距，继续趟航，利用余速进入空出的嵌挡区域。至位④时，操内舷舵，使船体以小角度迎流（约 10°），让流作用于外舷，借助船速横向分量使船舶逐渐横移，向里挡靠拢。到位⑤时，微速、外舷舵（右舵），进车时注意保持与上游停泊船的安全距离，再次将船首迎流，防止流压使船体向下游漂移，接着再操内舷舵，使船斜向接近泊位至位⑥，如此交替操纵，控制船位至位

⑦，待平移速度稍减，迅速带上艏缆、艏倒缆，若船尾扎拢过快，可操内舷舵以减缓扎拢速度。最后依次带上艉倒缆、艉缆。

6. 船尾靠泊

渔船尚可采用船尾靠泊的操纵。这种方法具有占用泊位面积小、数艘渔船可以同时进行装卸渔货、离泊操作方便、互不影响等优点。但由于船尾比船首难于控制，船尾靠泊的操纵比舷靠的操纵要困难。

船尾靠泊操作方式，是将船舶开到泊位前距离 2～3 个船身处，将船尾垂直对着泊位并抛下船首锚，然后慢车向泊位退进去，利用锚链控制船的退速直到船尾停在泊位前，将船尾的缆绳分别系牢在码头上的系缆桩上，如图 6-26 所示。

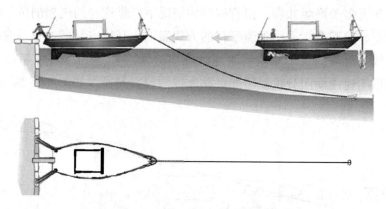

图 6-26　船尾靠泊方式示意图

船尾靠泊一定要在泊位前转向后，使船尾对准泊位，然后抛锚倒航接近泊位。所以锚位的选择很重要。一般选择在泊位中央的垂直线上，与泊位的距离为船长加 6～8 倍的水深。如船长 50m、水深 10m，则锚位与泊位的间距取 110～130m。锚位太近，出链太短，锚抓力较小，不易稳住船首；如锚位太远，出链太长，锚链不易收紧，船首会偏荡。

当船抵达预定锚位后，倒车、抛锚，边松锚链边后退，到船尾接近泊位时，迅速带上左、右艉缆，收紧锚链，靠泊完毕。在倒车后退时，右旋单桨船的船尾将向左偏转，为克服其偏转，在船舶转向后，可将船尾向泊位中垂线右方偏 20°～30°，如图 6-27 所示。以抵消倒车后退时产生的偏转，也可向右压一适当舵角来抵消这种偏转，但一般倒车时，舵效不明显。

后退时，松链的速度要适当，如果松的太慢，会妨碍后退；松的太快，在接近泊位时，一旦锚链刹不住，就有碰撞泊位的危险。

靠泊后，船尾距离泊位不能太近。锚链的悬垂度具有弹性，风浪影响下，船舶会前伸后缩，如果距离泊位太近，船舶后缩时可能触碰泊位。此外，在潮差大的港口，要根据涨落潮的情况调整缆绳。落潮松缆，以免断缆；涨潮收缆，以免船舶偏离泊位。

有横风情况下靠泊时，锚位应选择在偏上风距泊位中垂线约 10m 的位置，使靠好泊位后，锚链引出的方向偏向上风，如图 6-28 所示，使船首不致向下风偏移。后退时艉将迎风偏转，停车后，船在风压的作用下自然由位置②向泊位位置③靠近。此时应迅速带缆，才能靠上泊位。

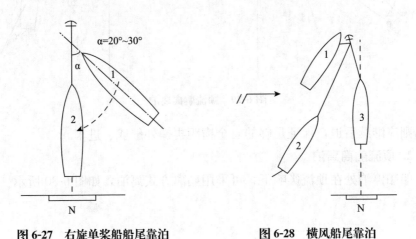

图 6-27　右旋单桨船船尾靠泊　　　　图 6-28　横风船尾靠泊

（二）离泊示例

1. 顺流艉离离泊

船舶停泊处在顺流影响下，可采用艉离方式离泊，如图 6-29 所示。

位①，留艉倒缆，保持艉倒缆吃力并挽牢，解掉其他各缆并收回。微速进车，使艉倒缆逐渐受力，船尾即开始向外舷甩出，弱流时，船尾甩出较慢，可适当操内舷舵；强流时，无需进车，在流压作用下船尾会自动甩离泊位。位②，使船尾甩出一定角度，弱流时，对右舷离取 15° 左右（角度过大，倒车时船首有碰压码头危险）、左舷离取 20° 左右（角度过小，倒车时船尾回摆，不利离泊）；强流时，甩出角度应相应减小，避免船体受流压作用被快速打横。此时倒车、操内舷舵。位③，当艉倒缆不吃力时，迅速解脱收回。保持船舶后退，离开泊位。位④，船舶与码头有一定安全横距时，即可停车，操外舷舵，进车出港。左舷离时，时机在船体与码头接近平行位置；右

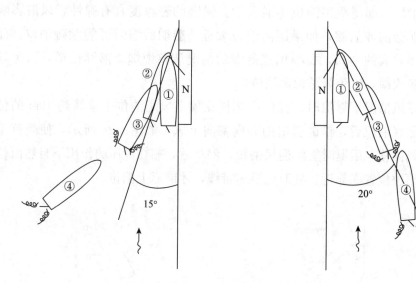

图 6-29　顺流艉离离泊

艉离则应继续后退，保证足够的安全横距再操外舷舵、进车。

2. 顶流艏离离泊

船舶停泊处在顶流影响下，可采用艏离方式离泊，如图 6-30 所示。

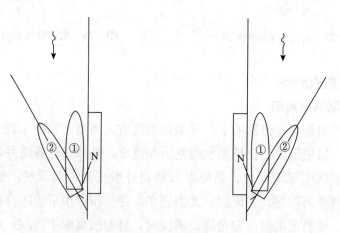

图 6-30　顶流艏离离泊

位①时，留艉倒缆（为取得较好作用力，艉倒缆不宜太短，且与船舶艏艉线尽量平行），解脱其他各缆，在流压作用下，船体后移使艉倒缆吃力，船首将向外舷偏转，弱流时，船首外偏会较慢，可适当倒车加速其偏转。

位②，船首外偏角度达 15°~20° 时（角度大小视外界影响是否有利于离泊来决定），进车，艉倒缆不受力即可解脱收回，然后加车出航。

采用艏离方式时，船首向外舷偏转过程中要注意车、舵是否有触碰码头的危险，特别在使用倒车助力偏转时；船舶吃水较浅时，由于船尾形状关系，也应相应减小外偏角度，以避免车、舵触碰码头受损。渔船在位②静止中进车时，在空载或轻载状态下，推艉向右的车效应比较明显，左舷离比右舷离安全些，因此，右舷离时可采用压内舷舵 2°～3°加以克服。

3. 绞锚离泊

船舶在靠泊时抛有外挡开锚的情况下，相当于多了一种操纵手段，可利用绞锚将船首拉离泊位。操作中应注意风、流压较大时，宜用车、舵控制船位和减轻锚机负荷，以便绞锚。通过绞锚进行离泊操纵，属于艏离方式，具体操作可参考顶流艏离离泊。此外，在吹拢风较大情况下，如果自力离泊困难，可在船尾用一条拖轮辅助，采用平行离泊方式离泊。

4. 船尾靠泊船的离泊

采用船尾靠泊的渔船，在离码头时，方法比较简单，当各项准备工作做好后，收回左、右艉缆，便可起锚出航。

受横风影响时，为防止解缆后船舶碰撞下风舷船舶，应事先在上风舷较远处带上一根艉溜缆，然后再收回原来系带船舶的左、右艉缆，在起锚前进的同时逐渐松出艉溜缆，直到没有碰压下风舷船舶的危险后，才解掉并收回艉溜缆，并迅速起锚出航，如图 6-31 所示。

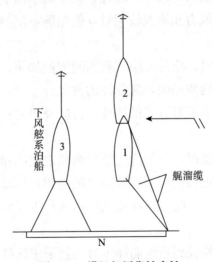

图 6-31　横风船尾靠泊离泊

第五节　船与船间的靠、离操纵

一、船舶间的靠、离

靠、离系泊船，甚至靠、离在航船，均属于船舶间的靠、离。并靠他船时，因为两船吃水、吨位、干舷高度不同，特别是在艏艉部分线形变化大，靠、离时如掌握不好，容易发生事故。靠、离他船的准备工作和操纵要点与靠、离泊位基本相同。所不同的就是要视被靠船的动态来决定，现分述如下：

（一）靠停泊船

靠停泊在泊位上或系带在浮筒上的他船时，与船舶的舷靠泊方法相似，但要注意以下几点：

①并靠的船舶，最好不要有向并靠一舷的横倾。并靠侧突出于舷外的部件，如舷梯等，应一律收进。同时应备好固定于舷边或手提的碰垫。

②贴靠时应尽量平行靠拢，使两船平直的船舷部分相互接触，以免造成点接触而损及船体；并靠接触位置最好在大型船的中部附近，干舷高的船首、船尾不要自上而下地凌于干舷低的船舷上方，以免损及栏杆、舱面设施或甲板建筑。

③风浪天并靠大型船舶，当风力小于5级时，为了便于船舶的贴靠应选择在上风舷进行；而当风力大于5级时，为了减小涌浪对并靠操纵的影响应选择在下风舷进行。风力和涌浪较大时，船舶颠簸剧烈则不宜靠泊，应等待条件好转后再行靠泊。

④有流水域并靠时，应注意由于两船间流速加快、水压力减小，当两船接近时会发生船舶偏转或船舶快速靠拢的现象。

⑤抛锚时应预先掌握对方船的锚位、链向及出链长度，以免使锚与锚相互纠缠。

⑥并靠系浮的他船时，一般应先带好两船之间的相缆即固定用缆，浮筒缆要后带，以防他船近旁驶过引起两船之间的相互移动及错位，各系缆应尽量均匀受力、系紧挽牢，防止从导缆孔跳出或严重磨损。

（二）靠锚泊船

渔汛季节，生产船驶到运输船卸鱼时，就采用这种靠泊方法。由于锚泊船本身是浮动的，会受风流的影响而摆动，靠泊时应注意以下几点：

①运输船应备有专门的橡皮冲击碰垫，防止浪、涌使船波动而撞击。

②靠锚泊船时如需用锚，应了解被靠船的锚链方向及出链长度，如果条件允许，应靠其未抛锚舷侧。靠毕应将本船的锚绞起。

③锚泊船在风大流急时会产生严重偏荡，这给靠泊带来一定困难。因偏荡速度除中间的平衡位置处最快外，在两边极限位置处速度最低，而且往往成顶风态势，故并靠偏荡之中的船舶应选在被并靠船偏荡到极限位置处进行。

④横风时，一般靠下风舷较为安全。

⑤靠妥后应收紧缆绳并加固缆绳和碰垫，以防浪损，同时，被靠船应检查锚链或缆绳受力情况。

（三）靠航行船

靠航行中船舶更为困难，必须注意以下几点：

①要求被靠船定向定速，顺着风浪航行。一般风浪超过 5 级，就不宜进行傍靠了。

②从船尾后方平行接近被靠船，快接近时应保持适当横距，然后调整速度和角度渐渐靠拢，先使船首第一只碰垫接触大船前部船舷，迅速带上艏缆，再使其他碰垫都垫靠上，尽快带完其他各缆。

③横浪、顶浪较大时一般不能靠。因船舶上下起伏、左右摇摆幅度较大，极易碰撞。

渔业运输船去靠生产的拖网船，操纵比较方便，因为拖网渔船一般是顺风浪拖曳，航向较稳定，拖速低（3～4 节），摇摆幅度也较小。去靠双拖渔船时，应靠网挡的外舷，不能靠网挡内舷；若去靠正在拖网作业的舷拖渔船，应靠没有网板架的一舷；若去靠正在拖网作业的艉拖渔船，左右舷都可以靠。

船舶间离船操纵同离码头基本相同。

二、对拖渔船接近操作

对拖渔船在海上生产时，不管大风小浪，起、放网时都需接近进行传递带网的曳纲。

（一）放网接近

双拖渔船放网时，两船接近传递曳纲操纵，如图 6-32 所示。

位①：放网船在顺风方向放好网具，保持航向，慢速拖航。

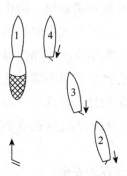

图 6-32　放网接近操纵

位②：带网船从放网船后方约 20°方向（横风放网时船与网可能不在一条直线上，靠拢角可有增减），向放网船快速接近，若带网船从放网船前方来，应驶到放网船后方调头后再接近。

位③：带网船驶到网具浮子附近，应调整车速和靠拢角度，使船平行接近，到横距 15～20m 时，保持平行等距慢速航行。

位④：此时带网船应迅速把曳纲用撇缆投递给放网船，放网船接到曳纲后，应迅速用卸扣连接到网具的袖端，然后投入海中，两船分开按预定航向拖曳。

（二）起网接近

双拖渔船起网时两船接近传递过洋缆（是用卸扣连接在曳纲前端，在拖曳时它不受力，起网时必须由它作引渡，放网船才能绞收带网船的曳纲）的操纵，如图 6-33 所示。

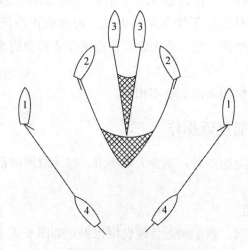

图 6-33　起网接近操纵

位①：做好起网准备工作，两船各向内舷操舵，边靠拢边拖航，随时调整拖速和舵角，尽快靠拢。

位②：两船接近50～80m时，如发现靠拢太快，可以回舵，保持适当间距，平行拖航数分钟，然后再操内舷舵，缓慢靠拢，不能过快，以防碰撞。在回舵时，由于两船同时存在反移量，会致使船尾靠拢很快，有时可利用这一特点使船加快靠拢，但要警惕，靠拢过快易发生碰撞事故。

位③：两船保持横距在15～20m，平行拖航一段距离，当起网船接到带网船抛给的过船缆后，马上通过滑车绕到起网机滚筒上绞动，绞动几米后，带网船才把扣住曳纲的活钩松掉，使过船缆吃力，继续绞收过船缆，接着由起网机直接绞收两根曳纲。带网船松掉活钩后慢速前进，放网船绞网后退，接近船的操作到此结束。

有时在位①时，两船即使各自向内舷操满舵，也靠不拢，这是由于网挡太大或流压的作用使船靠不拢。处理办法是：两船各自绞收曳纲1/2或2/3左右至位④，然后快车，向内舷满舵，边松曳纲边靠近到位②即可按上法起网。

三、围网渔船接近操作

（一）网船与灯光船的接近操纵

围网作业是由两船用长带形网具围捕鱼群。在围鱼前必须由一船（吨位较小的灯光渔船，也有用特制浮标代替）拉住网头，才能由另一船（吨位较大的网船）以鱼群为中心快速满舵回转撒网围捕鱼群，当网船回转到灯光船附近时，应迅速靠拢灯光船取回网头，使网的两头并拢，防鱼外逃，这是一个比较复杂的操纵。

1. 灯光船接近网船

灯光船接近网船是去完成带网头的任务。由于灯光船吨位小、操纵比较灵活，尤其是装有艏侧推器装置的灯光船操纵更为方便。当接到网船停车呼叫带网头信号后，灯光船可从任何方向去接近网船，当接近网船适当距离后（一般约50m），宜从右后方驶近，风浪较大时，应从下风去靠近，当接近撒缆所及距离时，把船停住，用撒缆接过网头，这时灯光船接近网船的工作即告完毕。

2. 网船接近灯光船

这是一个影响渔获多少和船舶安全的重要操纵。如图6-34所示。

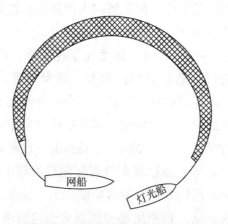

图 6-34　围网网船接近灯光船操纵

两船各带一个网头，操纵都不灵活，而且要求并拢越快越好，防鱼外逃。在这种情况下可采用下列方法：

①当网船接近灯光船时，灯光船可先倒一下车，这样既可以将网拉直，也给自己留有进车余地，需要时可以主动配合网船靠近。

②网船接近灯光船时，最好用右舷平行靠近，实际上由于网具的牵制，往往使网船造成垂直向灯光船驶近，这是危险的，所以当网船估计到这种局面不可避免时，网船就应尽量让开灯光船船头至少 30m 以上或更远一点，然后把船停住，可以让灯光船主动来靠近。相对地说，小船靠大船比较安全。有时为了加快靠近，网船也可采用倒车进行配合，但一定要看清船尾和网、渔具的位置，以免缠到车叶上造成渔捞事故。

（二）运输船接近网船

有时网船捕到大量鱼类后，要请运输船装鱼才能把一网鱼取完。取鱼时运输船必须接近网船，其接近操纵步骤如下：

①网船摆好船位，继续起网取鱼，在一般受风情况下，作好带缆和灯光船拖带网船的准备工作；网船把松弛的网衣往自己船边收拢不使其漂开，防止被运输船碰破网具使鱼逃跑；最后通知运输船靠近，如图 6-35a 所示。

②运输船接到靠近信号后，从上风位置靠拢网船。靠近前要看清网具的位置，保持足够的距离平行靠拢，以防碰坏网具。另一灯光船在适当位置，如图 6-35b 所示，与运输船作好拖带准备，并与运输船保持适当距离随运输船前进。当运输船驶到与网船适当位置后，马上带上前后横缆，并下令两灯光船驶至正确位置，如图 6-36 所示，拖住网船和运输船，保持网船与运输

船的安全间距直至取完渔获物为止。

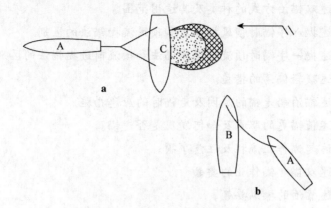

图 6-35　运输船接近网船的准备工作

a. 网船的准备工作　**b.** 运输船的准备工作

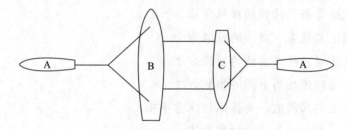

图 6-36　运输船接近网船取渔获物

A. 灯光船　B. 运输船　C. 网船

思考题

1. 试述操舵要领及基本操舵方法。

2. 试述各种中、英文操舵口令。

3. 右舵 10°与向右 10°有何区别？

4. 正舵与回舵有何区别？

5. 调头操纵的基本要点有哪些？

6. 进退调头法的步骤及注意事项有哪些？

7. 顺流抛锚调头的步骤及注意事项有哪些？

8. 试述选择安全锚地的依据。

9. 试述进入锚地的操船方法。

10. 试述单锚泊时水深对抛锚方式的影响。

11. 试述双锚泊方式的种类及其适用范围。

12. 试述抛八字锚时横风抛锚法和顶风流抛锚法的区别。

13. 试述抛一字锚时顶流后退抛锚法和顶流前进抛锚法的区别。

14. 试述减轻偏荡的措施。

15. 试述锚泊船走锚的原因及走锚时的应急措施。

16. 简述值锚更的职责及如何发现是否走锚。

17. 试述起锚作业流程及注意事项。

18. 试述双锚起锚作业的要领。

19. 试述靠泊的操纵要领。

20. 试述离泊的操纵要领。

21. 试述无风流时左舷靠泊与右舷靠泊的异同。

22. 试述吹拢风与吹开风条件下靠泊操纵的区别。

23. 试述靠嵌挡泊位的操纵方法。

24. 试述船尾靠、离泊的操纵方法。

25. 试述顺流艉离离泊的操纵方法。

26. 试述顶流艏离离泊的操纵方法。

27. 试述船舶间靠、离操纵的注意事项。

28. 简述对拖渔船接近操作方法。

29. 简述围网渔船接近操作方法。

第七章 特殊条件下的渔船操纵

本章要点：浅水对渔船操纵的影响、狭水道中渔船操纵、大风浪中渔船操纵、渔船避台风操纵、能见度不良时的渔船操纵、冰区渔船操纵。

特殊条件下一般是指受限制水域、大风浪、冰区、能见度不良以及海上拖带等，它们具有不同的特点，这些特点决定了在这些条件下操纵渔船的特殊规律。所以渔业船舶的驾驶人员在熟悉自己船舶的操纵性能的同时，还要掌握在各种特殊条件下的操纵规律，以确保船舶的航行安全。

第一节 受限制水域中的渔船操纵

所谓受限制水域，是指相对于所操纵的船舶尺度来说，水深较浅的水域（通常称浅水域）和可航宽度较窄的水道（通常称狭水道）。船舶在受限制水域中航行时，由于受到各种水动力变化的影响，会出现与深水或宽敞水域航行不同的浅水效应以及岸壁效应等。本节将讨论这些效应及其对渔船操纵的影响。

一、浅水对渔船操纵的影响

船舶进入浅水（指船底富余水深小于船舶吃水的 1/3）区域时，将出现很多比较明显的现象。如船首波浪很少破碎而使水花声变小，船尾的追迹浪变得特别明显，螺旋桨桨叶（车叶）会翻出浑浊的泥浆水；船舶的浮态和操纵性能与深水航行时相比会出现许多不同，典型的有船体下沉、船速下降、舵效变差等。

（一）船体下沉和纵倾的变化

1. 船体周围水压分布和流速的变化

船舶在航行中，船体周围的水压力沿船长分布的变化与船型的关系最直接。船型肥大（方形系数大）、航速高时这种变化更加明显，同时也使兴波增大。两侧压力变化波及的范围很大，在船首和船尾的两侧形成两个高压区，而在船中附近的两侧形成低压区。结果在船首和船尾两侧形成两个高水位区，而在船舯附近的两侧就形成了低水位区。

船舶航行在浅水区时，由于海底的效应明显，相当于船底水下空间在垂向上变狭小，本来在空间流动的水，如图 7-1a 所示，只能在水平面上流动，流动的空间变小了，船底水流的速度就会变快，并且水越浅船底水流流速越快，如图 7-1b 所示。

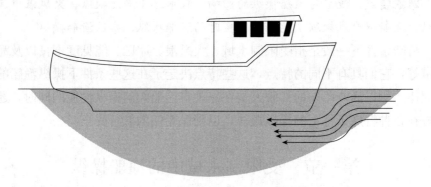

图 7-1a   深水域船底水流流动状态

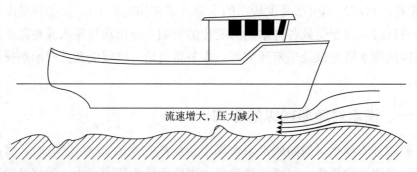

流速增大，压力减小

图 7-1b   浅水域船底水流流速加快

2. 浅水中的船体下沉和纵倾

实际上，即使在深水中航行的船，由于船体周围水压力的变化造成船舶两侧水位下降，其结果也将导致船舶整体下沉，这种下沉的程度随着船型肥大以及航速提高而加大。对于船体较长的大吨位船舶在中、低速航行时，船首的下沉量要比船尾下沉量大，由此会产生纵倾的变化。

对于快速船，当航速增加时，船首下沉量首先达到极大值后便不再下沉，随着船尾下沉的增加而逐渐恢复到原来的纵倾状态。当速度继续增加时，会出现艉倾，直到艉倾达到最大值，慢速船一般不会出现这种状况。

在浅水区航行的船舶，不但兴波明显，而且随着船底下方水流速度的增加和水压力的减小，使船体下沉和纵倾比在深水航行时更加明显，对船舶操纵的影响也更大，下沉到一定程度时会发生船底拖底（海底）事故。所以，船舶进入浅水区航行时，在保证船底有足够富余水深前提下，还要谨慎操纵船舶，并降低航速通过浅水区，防止发生拖底或搁浅事故。

由于船舶种类、尺度大小、线形肥瘦的千差万别，用实船测定方法准确地得到不同水深下的浅水船体下沉数值，实际上很难做到。一般情况下，船舶航行时都要保持适当的艉倾，因此为了顺利通过浅水域，只考虑尾吃水的增加值即可，可采用以下经验公式估算船底下沉量（船尾吃水的增值）：

$$船尾吃水增值（m）＝5.2\% \times 船速（节）$$

例如，过浅水域时船速为 8 节，则在浅水中船尾吃水增值为：

$$8 \times 5.2\% ＝0.416（m）$$

显然，船舶过浅水域之前，应按加上船尾下沉量后的新吃水来计算过浅水域时所需的潮高，并选择恰当的时机。

（二）运动阻力增加和船速下降

附连水质量及附连水质量惯性矩

船舶在水中运动时，会带动船体周围的部分水体使其产生运动。从能量的角度看，相当于增加了船体的质量。我们把这种相当于增加的质量部分称为附连水质量。船舶在水中回转时，要考虑附连水质量惯性矩。水深越小，船体越肥大，附连水质量和附连水质量惯性矩就越大。

1. 横向阻力增加

船舶在浅水区航行时，由于附连水质量和附连水质量惯性矩的存在，使船舶在浅水中受到的横向阻力增加，回转时需要的转船力矩加大，这对船舶在浅水区航行或靠泊操纵时造成的影响是不能忽视的。水深越浅，横向阻力及转头阻力矩增加的越明显，当水深与吃水比小于 2 或离岸较近时会变得更大。

2. 船速下降

与在深水航行时相比，船舶航行于浅水中，船体周围水的压力变化更加显著，会同时出现船体下沉、纵倾增大、兴波增强、向后流速加快，从而使船体阻力增加；螺旋桨盘面附近伴流增加，同时涡流增强使螺旋桨推进效率减低。这两方面因素造成船速明显下降。

（三）浅水对操纵性和回转性的影响

1. 航向稳定性提高

船舶进入浅水区域时，由于船体下沉、转动的阻力力矩增大，使得航向稳定性能比在深水时有所提高。

2. 浅水对冲程的影响

浅水航行时由于船体下沉、纵倾增加、兴波增大，造成船舶所受水阻力增大，同时螺旋桨推进效率降低，最终使船速下降。因此，船舶在浅水中的冲程变小。尤其当船刚停车，余速还比较大时，浅水阻力增加的比较多，对降低船速、减少冲程起主要作用；当停车后余速不大时，上述各种因素的影响同时减弱，虽然此时水阻力仍比在深水航行时大，但已经不是很明显，减速效应明显小了，此时浅水对减少冲程的作用不大。

渔船驾驶人员除了要掌握本船在深水中的冲程，还要掌握在浅水中的冲程，尤其在港内操纵渔船时更加必要。

3. 旋回性能下降

船舶航行进入浅水域后，水对船舶阻力增大，导致航速下降，同时船体回转阻力力矩增大，旋回性能是下降的。当水深与吃水之比小于 2 时，由于定常旋回角速度的下降，定常回转直径增大。尤其当水深很小时，甚至会出现舵效失常，使船舶无法达到预期的操纵效果。

（四）浅水中航行的富余水深

1. 富余水深

在浅水域航行时，经常会出现舵效不灵的情况，使船舶出现无力操控的状态，甚至只有在外力帮助下才能安全操纵。同时，由于船体的进一步下沉会危及船体、推进器以及舵的安全，影响主机的正常工作。所以，应使实际水深除了超过船舶吃水之外，还要保证有足够的富余量，这个富余量通常称为富余水深。

2. 富余水深的构成及决定因素

（1）富余水深的构成　为了不使船底触及海底，要考虑到以下影响富余水深的因素：①海图水深的测量误差；②海底地形及其变化，如高低不平或出现障碍物；③当地潮高误差和大气压变化引起的水位变化，舷外水密度改变造成的吃水变化；④航行中的船体下沉，除正常下沉之外，还要考虑船舶上下起伏的位移，以及摇摆形成的吃水增量；⑤为避免海底的泥沙从主机冷却水入口被吸入，要保证有足够的富余水深。

（2）确定富余水深是应考虑的因素　①船舶航行状态，主要指船速、吃水及纵倾等；②环境条件，主要指海况、气象、水道宽度、岸形和通航密度。

二、狭水道中渔船操纵

狭水道一般是指船舶不能安全自由航行和操纵的可航水域，也就是水域的宽度、深度或宽度及深度都受限制的水道。具体包括：港口水域、江河水道、狭窄海峡、岛礁区、雷区、冰区和其他由于某些原因禁航水域的受限航道。

很多国家在一些通航密度较大的水域都制订了"分道通航制"，设置了船舶航行的范围和航线，并做了很多规定。船舶在各自的分道上航行都受到一定的限制，所以实行分道通航制的水域也应为狭水道。

（一）狭水道的特点及其与操纵的关系

①航道狭窄、弯曲、障碍物多，要求能根据实际情况应用适当的导航方法，确保船舶航行在计划航线上。

②航道水浅、浅滩多，在通过前必须准确计算潮时、潮高，注意浅水对船舶操纵的影响。

③风、流的影响较大。狭水道一般流速较大，流向也比较复杂（如回流、往复流等）。在水道中航行因船速受限（特别是港内水道），风、流的作用就更加明显。

④有利于导航，定位的物标多。海峡、岛礁区可供定位的自然物标多，港口航道都设有浮标、岸标，应尽量利用这些有利条件。

⑤航行中物标方位变化快，一般没有充分时间边对照海图边操纵船舶。特别是夜间航行，要求操船者熟记主要物标，以便导航。

⑥航道弯曲多，影响视界；航道狭窄避让他船的余地小；船舶密度大，会遇各类船舶多。要求操船者严格遵守避碰规则和各港港章，谨慎驾驶。

（二）狭水道水动力变化对操纵的影响

在水深受限，同时水道宽度也受到限制的时候，船体受水流作用会更加明显。来自岸壁及他船的作用会引起本船所受水动力的变化，从而对操纵带来影响。

1. 岸壁效应

船舶在宽度受限的浅水中航行时，由于兴波作用引起的波浪会在浅水中产生反作用力，当船舶偏到水道一侧时，船体受到的推向近岸一侧的横向力称为岸吸力。受岸吸力作用的船舶向岸边"吸拢"的现象叫岸吸。与此同时，船舶还受到向中央航道方向转动力矩的作用，这种现象叫岸推，这个转动力矩称为岸推力矩，岸吸与岸推总称为岸壁效应，如图 7-2 所示。

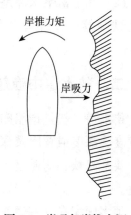

图 7-2　岸吸与岸推力矩

航行的实践经验表明，船舶在狭水道和水深受限的水域航行时，存在的岸吸和岸推这种岸壁效应的强弱与下列因素有关：

①船舶离岸越近，岸壁效应越明显；

②水道宽度越小，岸壁效应越明显；

③船舶航速越快，岸壁效应越明显；

④水深越浅，岸壁效应越明显；

⑤船型越肥胖，岸壁效应越明显。

2. 浪损

船舶在受限水域航行时，船首和船尾的兴波要比在深水航行时大，兴波的波高与船速和船舶尺度的大小有直接关系。这种兴波直接冲击岸边，对岸边的设施、靠泊船舶以及作业中的工程船有很大影响。这些船会因为由此产生的船首摇摆和起伏运动造成断缆或船舷擦伤。所以在港内、内河航道的港章和有关航行条例中，均有限速的规定，航行的船舶都应严格遵守；在港内航行时，要注意控制航速，遇到特定的慢速信号或遇前方有小船和码头附近有小舢板时，还需要进一步降速，防止浪损出现，以免造成严重后果。

3. 船间效应

两艘船互相接近又近乎平行，或一艘船平行接近停泊船时，两艘船都会使对方受到类似于岸壁效应的水动力作用，一般会有以下几种情况：

（1）**波荡**　两船平行接近且其中一船处在另一船的艏艉散波的区域时，

一船散波的波峰会对另一船形成波推和波阻作用，船舶会左右摆动，同时还会产生纵荡和垂荡等现象，称为波荡。这种现象与兴波激烈程度和追越船的尺度及吃水大小有关。若兴波激烈，追越接近的船舶尺度和吃水都很小时，比如中小型渔船，被引起的波荡就很显著，如图7-3所示。

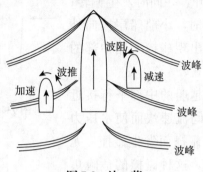

图7-3　波　荡

（2）**偏转**　船舶与他船接近时，若船首和船尾分别处于他船的高水位和低水位区域，船首或船尾在他船的散波的推移作用下，不仅产生波荡，还会使船首或船尾发生偏转。被接近的他船航速越快，兴波越激烈，接近它的船被引起的偏转就更明显；两船越接近，这种偏转也越明显；两艘船的尺度相差越大，尺度小的船受到的影响越大。

（3）**吸引与排斥**　发生在两船之间的吸引与排斥是一种相互作用。这种作用由一船两舷所受到的压力差的方向决定，这种现象有时会与偏转同时出现。此现象在两船对驶或接近对驶时相持时间较短；如果在两船追越中出现这种现象，由于相持时间较长，很容易出现碰撞事故。

两船接近航行时，要注意如下几个问题：①当间距小于两船船长之和时，两船就会产生吸引和排斥的作用；间距越小，作用越明显，若速度较快，可能产生碰撞。②两船航向相同并航比航向相反对驶时相持的时间长，相互影响较大。③航速越高，影响越大；航速之差越小，影响也越大。④两船尺度相差越大，其中小船受到的影响越大。

（4）**船吸现象**　两船平行对驶或追越并航时，如果两船比较接近，两船间的水流相对船舶的运动速度将明显增大，使得两船周围水压力都会发生变化，两船间的水压力都比外舷压力小，由此产生左右舷的横向压力差使两船相互靠拢，同时会出现转头偏离各自航线，这种现象称为船吸，如图7-4所示。

船吸现象造成的船舶碰撞有如下 3 种典型情况：

①追越。在小船追越大船过程中，当小船的船首接近大船的船尾时，两船的散波互相排斥，使船分开，并同时发生偏转；当两船船尾平行接近时，小船船尾被向外推，船首向内偏转而出现碰撞大船中部的危险，如图 7-5 所示。

当追越船与被追越船的中部平行接近时，由于间距小，中间流速快而使水压力减小，致使两船互相靠拢而发生碰撞，尤其当两船的尺度接近，这种碰撞的危险更

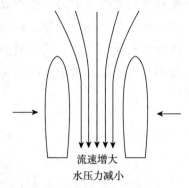

图 7-4　尺度接近的两船 尺度平行接近时

大；当小船的船尾与被追越的船首平行接近时，小船船尾被向外推，船首转向被追越船，这时碰撞危险最大，如图 7-6 所示。

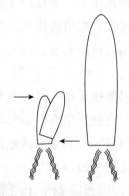

图 7-5　小船船尾与大船 船尾接近平行时

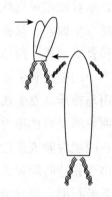

图 7-6　小船船尾与大船 船首接近时

根据上述分析，追越时由于相持时间较长，为了避免船吸导致碰撞，两船横向要保持一定安全距离，被追越船要尽量减速让出航道，以使追越船尽快通过。

②对遇。对遇时尽管两船相对速度大，但会遇时间较短，所以碰撞的危险相对较小；但当两船间距较小时，特别是其中一船的艏、艉分别处在他船一舷高、低压区时，也会出现明显的转头现象，导致船首或船尾与他船相撞。

③近距离驶过系泊船。以很近的距离驶过系泊船时，也存在船间的相互作用。对于航行的船，系泊船的作用相当于岸壁效应；系泊船则主要受航行船的兴波作用。

（三）进入狭水道前的准备工作

1. 全面分析和研究狭水道的情况

准备有关海图、港图、港章，查阅有关航路指南并尽量了解该航道的航行经验介绍，结合当时的潮汐、气象等资料综合了解水道航行条件。

①水道的水文地理情况，包括明显的山峰、岛屿、岸线、大的弯曲地段；有碍航行的浅滩、暗礁和障碍物等在航道中的位置；水道中流向、流速变化等情况。

②航道的宽度、水深及其在船舶避让时允许偏离航线的最大范围。

③熟悉各助航标志如岸标、浮标的位置、颜色和灯质以及相互之间的距离。

④熟悉可供安全锚泊的地段及位置。

2. 驶入特别狭窄水道时的安全措施

①进入特别狭窄水道之前，要做好主机准备，以便在必要时用车采取避让措施。

②做好随时抛锚的准备，狭水道水流水深变化复杂，水道弯曲且来往船只多，为了避免船舶碰撞和触礁搁浅，需要时可随时抛锚。

③检查操舵装置的状态，因为在狭水道航行要经常转舵，一旦舵机出现故障，就可能造成碰撞和触礁搁浅。

④船长在进入狭水道航行之前，必须到驾驶台指挥。

（四）狭水道中渔船的安全操纵

1. 加强瞭望

在狭水道中航行，特别是在夜间进入狭水道时，必须安排可靠人员负责瞭望，如果有必要还应同时使用雷达帮助瞭望。

2. 采用安全航速航行

所谓的安全航速，并没有确切大小，是根据本船的操纵性能、航道、潮流、能见度、通航密度，以及操纵人员的操纵技术等因素决定的，要以安全为限度。

3. 把握通过狭水道的时机

通过狭水道的时机，要根据在狭水道航行的经验、本船性能、能见度及航道与风流的状况来选择。

①一般来说，对于缺乏狭水道航行经验的操纵者，应该选择白天潮流弱的时候通过航行困难的水道，不过这样船舶就得候潮。

②有潮流情况下通过较长水道时，如果在逆流的初期起航，随时间推移潮流将逐渐增大，航行会变得困难；同时水道另一端有许多候潮的船舶在顺流初期正陆续起航，因此会造成航道拥挤、航行困难。所以合适时机应是逆流的末期起航，这样通航的船舶少，水道中央附近的水流平稳，航行更安全。

③在强逆流的情况下，如果是弯曲水道，即使是熟练的船长，如果航速低于 5 节，或者流速超过船速的一半以上，应当候潮，不可冒险进入狭水道。

④在能见度不良时，如果顺流进入狭水道，当航行遇到困难要返航，会由于潮流推压，掉头的范围过大而造成搁浅；如果逆流进入狭水道，有时想后退会非常困难。所以在雨夜或有雾等视线不良时，进入狭水道前要考虑能见度的情况。为了安全，最好是暂时抛锚等待能见度好时再起航。

⑤应充分利用航线附近容易辨认、独特、显著的物标进行导航或转向。

4. 使船舶沿计划航线航行

在航行规章没有特殊规定的地方，如安全可行，一般船舶应保持在航道的右侧航行。而计划航线是根据航路指南、潮汐表和潮流图等资料，选定适合本船安全航行的航线，一般没有特殊情况应使船舶保持在这个航线上航行。假如船舶进入特定的狭水道（如我国的长江水道），船舶要遵守有关的航行条例或港章的具体规定。

第二节　大风浪中渔船操纵

一、大风浪中航行的准备工作

首先要注意收听天气预报，密切注意天气的变化，这样可以预计台风或寒潮的来临，以便事先做好必要的准备工作。

（一）保持船体水密

船上所有开口处，例如，水密门、舷窗、舱口、通风筒、锚链筒、测水管、空气筒等，在大风浪来临之前应加盖加固，以保证水密。

（二）保证排水畅通

船上所有排水设施、管路、阀门等应处于良好的技术状态，做到随时能顺利排水；甲板上的排水孔应保持畅通。

（三）固定可移动的物体

船舱内外，所有活动的物体，如天线、吊杆、备用锚、救生器材、甲板货物、舱内货物、钢丝绳索、网具等，都应该进行帮扎固定，以防被风浪打损、卷走或因船舶摇摆而移动撞击船体，或因移动倾至船舷一侧影响稳性。

（四）检查应急部署

①加强水舱、污水沟的探测，了解舱内水位是否增加，必要时水舱和油舱应注满或排空，以减少自由液面对稳性的影响。

②检查应急舵、天线、电机等，使其处于良好的备用状态。

③检查堵漏、防火等应急部署及有关器材和设备。

（五）压载增加吃水

空船出海或轻载状态时遇到大风浪，应把压载水全部注满，必要时淡水舱也注满海水；尽量调整艏艉吃水，使车、舵尽可能沉深大些，保证船舶有较好的操纵性能。

二、波浪对船舶运动的影响

（一）波浪的一般规律

波浪的大小与风力、风时和海区的广度、深度有关。风力大、风时长、海区宽广而水深又大，波浪就越大。大浪接近浅水区时会变得又高又陡，并会发生波浪破碎现象；如碰到浅滩反射回来，在该海区会形成三角浪，这种浪很高并且方向不固定。三角浪对小型船舶威胁较大，应特别注意。

波浪都有一定的规律性，一般都是在几个连续的波浪之间，有从小到大和从大到小的变化，连续几个大浪过后就有连续几个小浪，所以必须了解波浪的这种规律，以便船舶在风浪中转向、加速时掌握有利时机。

（二）波浪与船舶运动的关系

船舶在波浪中航行时将产生摇摆运动。当航向与波浪前进方向一致时产生纵摇；当航向与波浪前进方向垂直时产生横摇。剧烈摇摆对船舶是十分有害的，可能造成船上设备、货物和船体结构的损坏，甚至影响船舶的整体安全性。

船舶在波浪中的摇摆程度取决于船舶自身的摇摆周期与波浪相对于船舶

的运动周期（波浪视周期，即船舶连续通过两个波峰或波谷的时间，与航向和航速有关）的比值。

　　船舶横浪航行时，如果船舶自身横摇周期小于波浪视周期，船舶横摇较快，桅杆及上层建筑受力较大，船员生活不舒服，但甲板不易上浪，甲板与波面一致。由于渔船一般稳性较大，横摇周期较小，常具有这种摇摆特性；如果船舶自身横摇周期大于波浪视周期，船舶横摇较慢且与波浪不协调，甲板相对于波面是倾斜的。当波浪较大时，船舷会与波峰撞击造成海水淹没甲板。

　　当船舶自身摇摆周期与波浪视周期相同或接近时，会使船舶摇摆幅度逐渐增大，船舶将产生剧烈摇摆，这种现象称为谐摇。就像荡秋千一样，施加的摇荡力的周期与秋千摇荡的周期很接近时，会越荡越高。这时若不及时采取措施，船舶有倾覆的危险。

　　船舶顶浪航行时，如果船舶纵摇周期小于波浪视周期，船舶会随波纵摇，这时甲板上浪不严重。如果船舶纵摇周期大于波浪视周期，纵摇较慢并且与波浪不协调，这时船首将穿浪前进或潜入浪中，前甲板上浪严重，船尾翘起致使推进器露出水面造成飞车；当船舶纵摇周期与波浪视周期相同或接近时，会使船舶纵摇摆幅逐渐增大，产生谐摇。由于船舶纵稳性要比横稳性大得多，一般没有倾覆危险。但纵摇幅度增大后，船尾露出水面过高，不仅降低了航速和舵效，而且由于飞车产生震动，使船尾结构受损，严重时会使车叶脱落，造成船尾壳板漏水。特别是当船舶长度与波长接近时，船中会受到过大的弯矩作用而出现船舶断裂的危险。因此，在大风浪中要尽量避免出现谐摇现象，特别是在横浪航行时更应避免谐摇现象的出现。

三、大风浪中渔船操纵

　　船舶采用不同的航向和航速在大风浪中航行时，受风浪的影响有明显不同。因此，为了减小船舶摇摆和波浪对船舶的抨击，在大风浪中航行要根据海面的具体情况并结合船舶稳性及操纵性能，灵活控制船舶的航向和航速，但要尽量避免横浪航行。

（一）顶浪航行

　　船首顶浪航行时要注意浪对船首有较大的抨击力，同时会产生纵摇，船中会出现较大的弯矩，前甲板会有大量上浪。

　　波浪对船首的抨击与船舶的重量和两者的相对速度有关。降低航速能减轻波浪对船首的抨击。船首的面积越大，受波浪的抨击力越大。飞剪式的船首受波浪抨击时航速下降要比直立式的船首大得多，波浪抨击有时会打坏舷墙并造成更大的损坏；船首尖瘦的船舶易于破浪前进，但会钻进浪里，造成甲板上浪。船首宽大的船舶，船首不易破浪，甲板上浪少，但纵摇厉害，船首受波浪的抨击严重。为了避免船体受过大的抨击，当大浪来时应减速或停车。

船首纵倾的船舶，纵摇的速度较慢，但船首有浸没于浪中的可能；船尾过分纵倾时，船首显得轻飘而容易出现艏摇，不容易保持航向。最理想的情况是保持适度的尾纵倾，即艉吃水比艏吃水适当大些，这样船首有足够浮力，船尾不会因波浪起伏而翘起，保证推进器没入水中，有利于船舶操纵。

船舶在顶浪航行时，为了避免出现谐摇现象，可以通过改变航速来改变波浪视周期，从而减轻纵摇幅度。然而波浪视周期并不是一成不变的，有时长、有时短，因此就要时而加速、时而减速，才能达到减小纵摇幅度的效果。但在大浪时加速航行是比较危险的，因为加速就意味着加剧了波浪对船首的抨击，可能直接损坏船体结构。同时，由于加速后船舶惯性更大，必要时再想让船舶慢下来很困难，这也是很危险的。所以一般在大浪来临时采用减速或停车，等大浪过去之后再适度加快航行，这样更安全。

综合上述分析，顶浪航行时，应综合考虑风浪情况和船舶的结构及操纵性，采用偏顶浪航行，必要时把船速降低。渔船在遇到7～8级大风浪时，不应采用正顶浪航行，而是船首对波浪稍偏开一个小角度。为了防止被风浪打横，偏角不能过大，一般为20°左右，并且左右轮流偏顶浪航行，以保证船舶能在预定的航线上航行，同时让船首两舷轮流受力，比较安全。

（二）顺浪航行

大风浪中顺浪航行时，主要是避免出现两种情况：一种情况是波浪冲击船尾，当船舶处于波谷中而船尾尚未上升时，由于波浪的速度大于船的速度，船尾就会受到波浪的猛烈抨击，船尾、推进器和艉轴都可能受到严重的损坏；另一种情况是船出现打横现象，当船速和波浪速度相同或接近时，特别是当船舶在波浪的前坡或波谷时，船最容易出现打横现象。船舶一旦出现打横现象，就会横向受浪，会造成船舶大幅度的横倾，甚至倾覆沉没。所以这种情况比波浪抨击船尾更加危险。

由于渔船大多属于小型船舶，有时由于风的作用使船速接近波浪速度，这时又无法掉头顶浪航行，在这种情况下，可以在船尾放下海锚以减小船速，避免发生危险。可能的话，顺浪航行应当始终保持船速略高于波浪速度，因为这样有利于保持足够的舵效，同时使船舶不至于被打横，船尾也不至于大量海水涌上甲板，也不会因波浪前推过于厉害而使船首潜入浪中。

对于船尾较低或船尾部纵倾很大的船舶，顺浪航行时如果风浪较大，造成航行困难，应尽早掉头顶浪航行，或者滞航以避免继续顺浪航行。

顺浪航行时，如果接近海岸或浅滩，由于风浪的作用会更加危险，应特别注意并采取对策，以免被风浪将船推上浅滩。

（三）横浪航行

对于渔船和一些小型船舶，一般来说应该尽量避免横浪航行。因此，当顶浪或顺浪航行时，一旦遇到大角度操舵也不能保持航向时，就应及时加快车速，以增加舵效，尽量避免造成船舶横向受风浪的危险。

但是，有时由于某种原因不得不横浪航行时，例如，为了防止船体受到波浪猛烈冲击造成更大威胁，而不得不减速导致船身被打横，或者在大风浪中掉头，当船身横向受浪时无法继续转向等情况下，这时主要应注意避免船舶的横摇周期和波浪视周期一致或接近。当横摇周期和波浪视周期一致或接近的时候，就会出现谐摇现象，船舶横摇会越来越厉害，很容易发生货物或未固定重物的移动，使船舶面临倾覆危险。在这种情况下，无论船速如何调整，都不能减小横摇幅度，唯一的办法就是调整航向。有关资料表明，在台风作用下，波浪的周期一般为 $6\sim12s$，所以大型船在装载时，可以在稳性许可范围内适当降低稳性高度，使横摇周期大于 $12s$。这种状态下，万一遇到横浪航行时，虽然甲板会大量上浪，但不至于有倾覆危险。

（四）大风浪中掉头

由于某种原因需要在大风浪中船舶掉头，由顶浪航行变为顺浪航行，或者是由顺浪航行变为顶浪航行或者滞航。大风浪中船舶掉头的整个过程是很危险的，特别要注意掉头过程中船舶横向受风浪时的安全问题。所以，在掉头之前就要了解船舶的稳性和操纵性能，检查舱内及甲板上可移动的货物等是否绑扎牢固，水舱、油舱是否注满。同时要仔细观察海面上风浪的变化规律，掌握时机以确保整个掉头过程或部分过程是在风浪比较小的海域进行。大风浪中掉头要求前距要小，因此掉头前应及早减速或停车，其次要求掉头要尽可能地快，必要时可使用短暂的快车和满舵，这样船舶横向受浪的时间短，同时由于舵效好，可以顺利转头。

总的来说，由顺浪航行掉头改为顶浪航行，是比较困难和危险的，尤其是大船处于空载状态下。如果由于情况所迫，不得不决定顺浪掉头，应事先减速停车，尽量减少前进中的距离，同时仔细观察，等风浪比较平静的海域到来之前再开车转舵，目的是使船舶掉头的后半段回转时海面比较平静。掉头回转应该越快越好，必要时使用短暂的最快车速，以便获得最大的舵效，又能避免过多的前冲距离。

顺浪航行掉头，虽然要尽可能减少前冲距离，但不能开倒车使船舶后退，否则波浪冲击船尾变得严重，可能使舵和推进器受到严重损坏。

第三节　渔船避台风操纵

一、台风的基本特点

台风是在热带产生的一种强气旋，是典型的风暴天气。其特点是台风中心气压很低，规律性强，比如在北半球，周围空气总是绕中心逆时针旋转；台风破坏力大，中心的风力往往在 12 级以上；海面会出现不规则的巨大三角浪，使船舶剧烈颠簸，难以保持航向。因此，台风会给船舶安全航行带来很大威胁。

二、避台风操纵

避台风的核心问题是尽可能远离台风中心。沿海航行船舶遇到台风袭来应及早驶入避风锚地。航行在大洋上的船舶遇到台风来临，只要条件许可，应远离台风中心 200n mile 以外，至少应改变航向、加速避开台风中心以确保安全。

（一）北半球驶离法

台风区沿台风移动路径可分为左半圆和右半圆。在北半球，由于风速的叠加作用，船舶在右半圆航行遇到的风力很强，而且还可能被吹到台风眼区，所以右半圆是台风最危险的区域，称为危险半圆；船舶在左半圆航行时，相对风浪比右半圆小，船舶被压入台风中心的危险较小，所以左半圆也称可航半圆。

1. 在台风右半圆

北半球在台风右半圆可观测到风向向顺时针方向改变。操纵船舶时，采用与台风路径相垂直的方向全速驶离，即以右首舷 15°～20°顶风全速避离。其相对航迹如图 7-7 中 A 船的虚线所示。

如果风浪已经十分猛烈或者由于前方有陆地等的阻碍，不能全速驶离时，可以采取右舷顶风滞航，使船舶处于几乎不进不退的状态。它的相对航迹如图7-7中的A_1、A_2……的虚线所示，随着台风中心的前移而避离台风区。

以上可简单归纳为"三右"原则，即船舶在右半圆为危险半圆，风向顺时针右转，采取右舷顶风驶离。

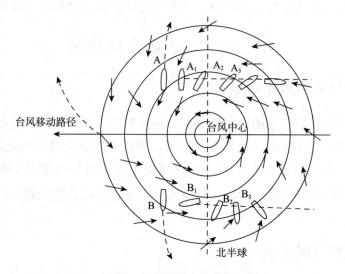

图 7-7　船舶避台风操纵

2. 在台风的左半圆

北半球在台风的左半圆可观测到风向逐渐向左、反时针方向改变。操纵船舶时，应使艉右舷受风全速驶离台风中心。其相对航迹如图7-7中B船的虚线所示，直到风力由大变小、气压由低变高，则台风中心已过。如果前方没有充分的避离余地，则可改使右舷受风，顶风滞航，其航迹如图7-7中B_1、B_2……虚线所示。

3. 在台风进路上

船舶在台风进路上，风向不变，气压下降，台风中心即将来临。此时，在北半球应使船尾右舷受风顺航，迅速驶进左半圆，进而驶离台风中心。

若以上方法都不能采用时，无论在哪个半圆都应使船右舷受风，尽可能滞留原地，随台风中心的前移避离台风区。

（二）南半球驶离法

在南半球驶离台风的方法与北半球正相反，应遵守"三左"原则，也就是说，台风左半圆是危险半圆，风向逆时针左转，应以船首左舷 15°～20°顶风全速驶离。台风右半圆是可航半圆，风向顺时针变化，应以船尾左舷受风驶离。在台风进路上应以左舷船尾受风顺航，驶入右半圆。

三、系泊防台

对于我国渔业船舶来说，尤其是小型渔船，作业区域离岸较近，在台风袭来之前，应及早驶入避风港避风。在港内系泊避风时要注意以下问题：

1. 靠在码头上遇台风来临时

如果港内防风浪条件良好，可以留在泊位上抗台；如果港内防风浪条件比较差，应离泊出港抗台。

2. 在码头上抗台时

①增加带缆，特别是强风向方面更应加强，各缆绳应受力均匀、合理，缆绳的摩擦部位要妥善包扎、涂油，以防止磨损拉断。

②码头与船体之间增加碰垫，防止碰撞损伤船体。

③空船必须加压载，减少受风面积。

④将船艏系靠在出港的方向，检查好车、舵，做好必要时能离开码头的准备。

四、锚泊抗台

在避风锚地避风的船舶，必须在台风来临之前抛好八字锚，不断收听气象预报、台风警报，并应注意风向变化。当台风中心经过锚地时，应首先考虑风向变化。若该锚地对未来的风向是合适的，则只要把右锚（锚地在台风右半圆）或左锚（锚地在台风左半圆）绞起，同时收短另一锚，准备开车顶风，待台风过去后，立即按新风向重新抛锚。若该锚地不适合于未来风向，应更换锚地或起锚出港，顶风漂航。

第四节　能见度不良时的渔船操纵

能见度不良是指船舶在雾、霾、雪、暴风雨、沙暴或其他限制视距的情况下（以下简称雾），不能及早发现和辨识来往船舶及其动向的情况。这给船舶互相避让造成很大困难，甚至会造成严重的碰撞事故；另一方面，由于视线受到限制不能及时发现导航标志，特别是在近岸航行时，无法利用物标定位和导航，容易引起船舶偏航、搁浅、触礁等海损事故。为了船舶航行安全，要求每个船舶操纵者，不仅要能正确运用安全措施，还要严格遵守"海上避碰规则"和港章的有关规定，能够结合当时当地具体状况，采取最佳的办法操纵船舶，以达到安全航行的目的。

一、进入雾区前的措施

①若出现使能见度显著减少的雾、雨或雪的征兆时，应立即向船长报告，同时通知机舱和报务员，做好应急准备。

②抓紧时间从能见的陆标连续观测定位，获得雾、雨等来临之前最后的实测船位，并记上时间和计程仪的海里数。如发现附近有其他船，应该注意其位置、种类及动向。

③船舶如果使用自动舵，应该改用人工舵，以保证随时可以采取应急措施。

④选派适当的瞭望人员。

⑤准备好汽笛、探测仪（渔船可利用渔探仪）、雷达等无线电导航仪器。

⑥白天也应打开规定的号灯，以便于他船能及时发现本船。

⑦在船舶密集的狭水道中，应做好随时能抛锚的准备。

二、雾中船舶操纵

（一）航速

在雾中航行的时候，航速过大，会增加搁浅和碰撞的危险性；航速过小，则由于航行的时间长，受风流影响大，增大推算船位的误差，也会增加搁浅的危险。因此决定雾中航速是极为重要的。下面介绍的是关于防止与他船碰撞的安全航速。

关于安全速度有下面 3 种说法：

（1）船舶航速论　以本船最高航速为标准，按一定比例减少的航速；

（2）舵效论　在能见度极为恶劣的情况下，能维持舵效的最慢航速；

（3）能见度内停止论　在雾中看见他船后，全速后退时，能在当时能见度一半距离内，把船停住的航速。为了安全起见，最好用半速后退就能把船停住的航速。

当他船和本船处在同一状况时，一般采用"能见度内停止论"，但在能见度显著减小的情况下，就不能采用了。在浓雾密布能见度极差的时候，在复杂的航道中航行或船舶密度大又近岸航行的船舶，应尽量离开主航道，到合适的地方抛锚，待能见度改善后再起航。

（二）雾中转向

在雾中，只有他船的位置确信无疑时，才能按"海上避碰规则"进行转向。但是，如果仅听到雾号，就凭主观臆测他船的方位、距离和动向而采取转向，一旦发生碰撞事故，要承担盲目转向的责任。

雾中转向到达转向点必须进行多次探测，查看水深底质，对船位有一定把握后方可转向。如果是无线电定位仪或者是雷达定位也应该进行探测核对。在没有确信已到达转向点前，不要轻易转向。

第五节　冰区渔船操纵

我国沿海冰凌一般是出现在渤海湾内和辽东半岛附近。时间是从 12 月到第 2 年 3 月。辽河从 12 月起到第 2 年的 3 月处于冰封阶段。大沽附近在 1、2 月有时会有浮冰漂浮达数海里。大连地区 2、3 月最低温度时，港内外也可能出现薄冰浮动。

在冬季的高纬度水域，海上时常出现漂浮的碎冰块，有时会遇到较大的冰块，夜间或能见度不良时将威胁船舶的安全。因此航经冰区的渔船应提前采取预防措施，确保航行安全。

一、冰区航行注意事项

（一）进入冰区前

①及时收听气象预报，特别是冰情报告。

②检查船体结构，特别是船首部位，必要时可用木板、圆木等支撑加固前尖舱。

③检查并保证排水设备及堵漏器材处于良好状态。

④空船或轻载船，应尽量压低船尾部，使推进器全部浸入水中，以防转动时打着冰块而受损伤。

（二）进入冰区后

①经常检查和测量水舱、污水沟的水位，可以及时发现破漏。

②加强瞭望以防止与较大冰块碰撞，如必要应减速或转向避开。

③利用各种定位方法保证船舶航行在计划航线上，随时把握自己船舶所

在位置，防止驶入浅水区发生拖底。

④注意不要使船舶陷入集聚的小冰块中被冻住。如果船被冻住，当遇到较强横流时，船将被冰夹住并随冰飘移，这是很危险的。并且冰的挤压会越来越强，容易对船壳造成很大破坏。

二、冰区中操纵要点

操纵中要解决的主要矛盾是保护船体、推进器和舵不受损伤。因为只有这样才能应对冰凌，完成航行和作业任务。

①应寻找冰层薄的地方行驶，避开密集冰块、厚冰和冰山。

②有破冰船引航时，应与破冰船保持前后 2 倍船长以上的距离，密切注意破冰船的速度，防止因其突然减速而发生碰撞。

③在冰区中，船受到的阻力大，航速慢，因而舵效差。所以冰区中转向要用大舵角，特别是有流的情况下。

④对冰的厚度不清楚时，应当降速，防止盲目高速撞冰，造成船壳破损。

⑤驶向江河口外的冰区时，尽可能选择退潮时间，因为退潮时冰凌碎散，而涨潮时冰凌结实坚硬。

⑥撞冰应根据冰的厚度、船体强度等条件，谨慎操作：

a. 被冰所阻时，可后退少许，再开进车，利用惯性以撞破冰层。倒车后退时，应保持正舵以防止舵面受损，倒车应先用慢速，待冰块松动后再全速后退，要防止车叶碰击冰块。

b. 船首部被冰夹住时，可用慢进车，左右满舵使船左右偏动以松动冰块，然后倒车退出。也可以移动左、右水舱的水，使船身左右摆动，或者交替注满及抽空前后尖舱的水，使艏艉反复上下升降以松动冰块后倒车退出。

⑦冰区锚泊。冰层厚 10cm 以上时一般不宜抛锚，因厚而密集的冰随风流漂移时压力大，如果松链太少易走锚，松链多了又有断链的危险。因此，冰区中在港外等候若时间不长，一般不必抛锚，若一定要抛锚时，则要准备好预防走锚的措施。对当时流向、流速、风向、风力都应心中有数，随时测定船位，防止走向危险区。抛锚则应抛双锚且少松锚链。

⑧冰区靠泊。一般港池内冰不厚，多浮冰，而且离泊不会有什么困难。当靠实心码头时，则可能因冰块被挤夹在船与码头之间，使得船无法靠拢，大型船舶要靠港内拖轮事先在泊位附近来回破冰以利靠泊。下面介绍一下靠

泊方法：

a. 当泊位下端有余地时，可将船首对准泊位下端，向码头慢车接近，操外舵，将头缆带在泊位上端较远的缆桩上，绞头缆，使船首贴码头前移，船身插入，将冰挤到船的外挡。当船首绞至泊位上端位置时，若船尾内挡还有少许浮冰，则可带上前倒缆，用车将少量的浮冰挤出，使船尾靠拢。

b. 若泊位下端没有足够的余地，上述方法不能使用时，则应船首对泊位上端接近码头，当距码头 50m 处抛开锚，松锚链慢车接近，带上头缆和前倒缆，用车排冰，同时用拖轮顶船尾，冰排出一点，顶拢一点，一次无法靠拢则可扬出船尾，使船里挡的冰块松动一下，再用上法排冰，反复多次，可逐渐排清靠拢。

思考题

1. 受限制水域指的是什么？
2. 船舶进入浅水域航行会产生哪些现象？其原因是什么？
3. 浅水中船体下沉和纵倾有何危害？
4. 浅水对操纵性能和回转性能有何影响？
5. 船舶进入浅水航行应采取什么措施？
6. 岸壁对船舶运动的影响是什么？什么是岸壁效应？
7. 岸壁效应与哪些因素有关？
8. 狭水道的含义是什么？狭水道有哪些特点？
9. 船吸现象指的是什么？
10. 大风浪中航行的准备工作有哪些？
11. 在风浪中航行，应如何避免谐摇？
12. 顶浪航行时应如何操船？
13. 顺浪航行时应如何操船？
14. 渔船在大风浪中掉头，应注意哪些事项？
15. 横浪航行时哪种情况最危险？应如何避免？
16. 进入雾区前要采取的措施有哪些？
17. 雾中航行关于安全速度的 3 种说法是什么？
18. 北半球台风区的左右半圆天气情况有什么不同？
19. 冰区航行的渔船应注意的事项有哪些？

第八章　海事应急处置与操船

本章要点： 船舶碰撞前的应急操纵和碰撞后的应急措施、船舶搁浅或触礁应急措施及脱浅方法、船舶火灾的应急措施、船舶失控后的应变部署、海上搜寻与救助落水者的操船、海上拖带中的船舶操纵。

由于通航密度、人为失误及环境因素的影响，船舶航行可能发生碰撞、搁浅或触礁、火灾、失控和人员落水等海难事故，使船舶处于危险的境地。此时船长及驾驶员应采取适当的应急操纵措施，使损失降到最低。

第一节　船舶碰撞应急措施

一、碰撞前后的应急操船

船舶发生碰撞后的受损程度与发生碰撞的部位、碰撞时的相对运动速度、碰撞角度、船舶大小和结构强度、撞破口的大小、当时风浪大小、所载货种和数量以及离岸远近等有关，还与碰撞前后所采取的操船方法和船员应变处置能力有着密切的关系。

1. 碰撞前的应急操船

如发现两船碰撞已不可避免时，应操纵船舶改变碰撞角度，避开船体重要部位，降低船舶运动速度，同时运用良好的船艺减小碰撞的损失，例如，紧急倒车、避免两船直接相撞、避免撞入他船船中和机舱附近或被他船船首撞入船中和机舱、尽量擦碰等。

2. 碰撞后的应急操船

当船舶碰撞发生后，根据不同的情况应采取如下的应急措施：

（1）当我船船首撞入他船船体时　应尽力操纵船舶顶住他船，等待被撞船判明情况，在对方同意后倒出，这样可避免被撞船大量进水。必要时，可将本船与对方船体用缆绳相互系住，可以减少进水量和防止船首滑出。当情况紧急并且附近有浅滩时，在不危及自身安全和征求对方同意的情况下，可操纵本船将被撞船顶向浅处搁浅。

(2) 当我船船体被他船撞入时　我船应尽量停住，保持两船咬合状态，并立即堵漏以减少进水，应急处置完毕后方可同意对方倒出。如果两船无法保持咬合状态，为了减少进水量应操纵船舶使破损处处于下风侧。

二、碰撞后的应变部署

船舶发生碰撞后，应立即发出碰撞警报信号，实施碰撞应变部署。

1. 判明情况

检查受损情况，决定应变部署。检查船体进水情况，水手长检查全船，测量各舱污水井（沟）、压载水舱和淡水舱的水位，通知机舱测量各油舱的油位，迅速确定船体破损的位置、大小及进水量等情况。判明损坏情况时，需要考虑的因素有两船的大小，碰撞前的相对速度，碰撞角度的大小，碰撞的部位，风、流的方向和海面波浪的情况。

2. 应急措施

根据船舶发生碰撞的性质、具体情况，迅速调查受损程度和部位，可酌情分别发出堵漏、人员落水、消防、油污等应变部署警报，并采取适当的应急措施。

3. 排水、堵漏

(1) 保证水密和排水　当破损部位确定后，应立即关闭破洞、四周的水密门窗，并通知机舱全力排水。

(2) 堵漏　碰撞的部位多位于舷侧水线附近，破洞较大时，需用堵漏毯紧贴洞口以限制其进水。挂上堵漏毯后再根据破洞的大小，采用堵漏板或制作水泥箱，灌注水泥堵住漏洞，然后排除舱内积水。因为破洞舱室大量进水，必须对浸水附近的舱壁进行加强，以抵抗过大的水压力，防止舱壁破损而波及相邻舱室。

4. 调整纵横倾

当船舶倾斜接近纵倾10°或横倾20°时，应及时降下救生艇备用；如双方均有沉没危险，要迅速发出求救信号，作出弃船决定；发生碰撞的船舶在不严重危及自身安全的情况下，应尽力救助遇难人员；因船体破损进水有沉没危险时，如条件许可（如近岸航行）可择地抢滩搁浅，等待救援。

5. 抛弃货物

及时处理遇水有危险的货物，在因进水可能引起货物着火或可能引起货物急剧膨胀、为保持稳性及保留储备浮力以及为减少进水量的情况下，应采取抛弃货物的措施。

三、碰撞后的续航、抢滩或弃船

船舶发生碰撞后，经全面检查船舶情况良好的可考虑续航；如不能自立航行，可考虑拖航；如碰撞后大量进水，可考虑抢滩；如果上述条件都不满足并且船舶有沉没危险时，船长可决定弃船。

1. 自力续航

碰撞后的船舶经全面检查，主、辅机状况良好无损，船体破损部位经排水、堵漏后进水得到控制，排水畅通、仍保留足够的储备浮力、浮性符合航行要求、救生设备完整无损，且确认续航中不会出现危及船舶安全的情况时，才可以自力续航到最近的港口进行检修。自力续航应更加谨慎，需要注意以下几个方面：

①减速航行并密切注意排进水情况变化并详细记录；

②尽量近岸航行，勤测船位；

③随时注意气象、海况变化，同时准备择地避风或采取其他应急操船措施；

④与附近岸台、公司或船舶所有人保持紧密联系，及时报告船位和航行情况。

2. 抢滩

抢滩是指当船舶有沉没危险时，主动搁浅到附近浅滩，来争取时间实施自救或者等待救援而避免沉没的自救性措施。

选择抢滩地点时应考虑的因素：

（1）底质　泥、砂、砂砾底均可，应避开礁石底；

（2）坡度　一般小型船舶选1：15，中型船舶选1：17，大型船舶选1：19～1：24的坡度；

（3）水深　抢滩后，船甲板在高潮时应露出水面；

（4）风、流　条件许可时，应选择流较缓、风较小的地点；

（5）周围环境　应利于固定船舶，并尽量远离航道，便于出滩、救助作业。

抢滩和出滩的作业步骤如下：

①在抢滩前，利用压载水调整吃水差以适应坡度。

②抢滩作业时间尽量选择高潮后、落潮时的适当时间。

③一般采取船首上滩。抢滩时保持船身等深线垂直，适时停车，慢速接近，让船体缓慢地擦滩而上。

④船首上滩可抛双锚，这样能够稳定船身并能协助出滩。必要时，也可再利用拖船、救生艇或起重机等运锚向后抛出。

⑤抢滩后应尽快堵漏或初步修复，排干积水，随时做好出滩准备。

⑥出滩时打出压载水，等到高潮到来时，绞收双锚，并配合倒车出滩。

3. 弃船

船舶发生碰撞事故后，经最大努力船舶也无法挽救或沉没不可避免时，船长可以作出弃船决定。

弃船时，应由专人做好以下工作：

①降下国旗并带上救生艇；

②销毁秘密以上等级文件；

③携带航海日志、轮机日志、有关海图及其他重要文件；

④关闭各舱室水密门窗、通气孔以及阀门。

第二节　搁浅或触礁应急措施

搁浅是指由于水深小于船舶实际吃水而使船体搁置水底之上。触礁是指船体与礁石的触碰。无论是搁浅还是触礁，严重者均可能导致船体的破损，并进一步导致溢油或沉没。船舶在发生搁浅、触礁事故后，视具体情况，采取有效应急措施来降低损失和救助船舶。

一、搁浅或触礁船舶的应急措施

船舶发生搁浅或触礁时，值班驾驶员应立即报告船长，船长通知机舱发出警报，召集船员进行应急反应。

1. 判明情况

船舶搁浅或触礁后，首先要查清搁浅或触礁的部位和船体受损情况。情况不明时，禁止盲目用车或舵脱浅或摆脱礁石。其次，船长或驾驶员应对搁浅船的态势进行初步评估，包括（但不限于）下列各项：船上人员的安全状况；天气和海况（包括预报情况）；潮流和潮汐情况；船舶周围水域的海底底质、海岸线和水深情况；船舶损坏情况以及已发生的污染和潜在污染的危险性；进一步损失的危险性；通信保持畅通的情况；船体与海底之间的作用力；脱浅后船舶的吃水和纵倾情况。

2. 请求救助

一旦决定通过外援浮起船舶时，应立即发出救助请求。救助程序的及早启动和救助人员的及早到达是救助成功的关键。

3. 排水堵漏

如船体进水或漏油，应立即执行堵漏或油污应变部署。为防止出现因严重横倾而无法放艇的情况，应先放下高舷救生艇以备急需。发现船舶进水时，应立即做出堵漏和进水应急计划，组织排水、水密隔离和堵漏等，同时判断可否立即动车脱浅。

4. 保护船体

船舶搁浅后，应避免情况继续恶化，即防止船体在风、浪和潮流的作用下继续运动，确保船体的安全。

船舶搁浅后可能发生礁底、向岸漂移和打横 3 种危险情况。当船舶搁浅后，在风浪和涌浪的作用下，船体可能受到礁底和继续向岸更浅处漂移的危险。如船首一端搁浅时，因风、流或浪的作用力与艏艉线方向不一致，则将使船打横，并更易向岸上推移。

5. 确定脱浅方案

船长根据调查情况，并结合天气、海况和潮汐情况，作出船舶能否起浮、脱浅的判断和实施方案。

①船舶低潮时搁浅且不严重时，根据搁浅部位，可采取调整艏艉吃水改变纵倾或转移燃油或压载水改变横倾，以及排除压载水、淡水、抛货减小吃水等措施，争取下一个高潮时起浮自力脱浅。

②大型船舶在高潮前后搁浅，难以自力脱浅时或自力脱浅无效果时，船长应考虑并经船东同意，申请外援脱浅。在等候自力脱浅时机或外援脱浅期间，应根据天气、海况及等候时间的长短，适当采取固定船位的措施，包括用锚和向舱室灌水的方法，防止船体打横、严重横倾、断裂、被推上高滩甚至倾覆。

二、脱浅方法

脱浅方法可分为自力脱浅和外援脱浅两大类。自力脱浅是指船舶利用自身的设备（车、舵、锚、缆）使船舶脱离浅滩的方法；外援脱浅是指借助外力使船舶脱离浅滩的方法。

1. 自力脱浅

（1）**候潮脱浅**　当船舶不是在高潮时搁浅，而且船体只有轻微的损坏、艉部有足够的水深时，则可等待下一个高潮来临时争取起浮脱浅。必要时利用车、舵、锚协助脱浅。一般是高潮前 1h 动车，而当快倒车无效时，可改用半进车配合左右满舵扭动船体，然后再快倒车脱浅。必要时倒车的同时配合绞锚，由于锚能产生持续而强大的拉力，且拉力方向准确，而且当有浪涌时，每来一个涌浪就能增加一点浮力，如果锚有足够的拉力，就能将船体拉动，对船体脱浅十分有利。如果底质是泥沙，倒车时应注意泥沙在船体周围的堆积而妨碍出浅。

（2）**移载脱浅**　当船舶的一端或一舷搁浅，而另一端或另一舷有足够的水深时，则可移动燃油、淡水、压载水或货物的方法减少搁浅一端或一舷的压力，再配合主机、锚使船舶脱浅。移载脱浅前必须经过准确的计算，以防脱浅后船体产生过度的纵倾或横倾而发生危险。在一舷搁浅而海底又陡峭时，不宜使用此方法。

（3）**卸货脱浅**　卸货脱浅是上述几种措施不能使船舶脱浅时才采用的方法。卸出的重量应是主机拉力、拖船拉力、锚的拉力或移载等不足的数量。采取此措施应对船舶艏艉吃水差的变化及卸载后的稳性进行准确的核算。卸货时要考虑迅速、方便和损失最小的原则，一般先卸出多余的油水，再卸不易受损的货物。为防止卸货时船舶越搁越深，应向压载舱注水，待准备出浅时再将水排出。

2. 外援脱浅

船舶搁浅后，如果船体损坏严重，已经失去漂浮能力，或主机、车舵损坏，或经计算所需的脱浅拉力太大、超出自力脱浅的能力，或船舶搁浅后水位急退，要求尽快脱浅时，应毫不犹豫地请求外援，以求尽快脱浅。申请外援时，应预先计算脱浅所需拉力、拖船的数量和功率。外援不仅可以利用救助船的拖力协助脱浅，还可以利用救助船协助固定船体、堵漏排水、移载、过驳或者利用大型打捞浮筒增加搁浅船的浮力，达到脱浅的目的。

救助船到达后，搁浅船应提供下列资料：

①船舶资料，如主要尺度、总布置图、静水力曲线图、原来载重吨数等。

②货物种类、重量及分舱图，油水的数量及舱室位置。若装有危险品货物，应详细列明其舱位和数量以及注意事项。

③搁浅前的航向、航速及搁浅的时间，目前的船首向。

④搁浅前后的吃水以及搁浅后吃水是否出现过变化。

⑤主机、甲板机械的功率及目前的技术状况。

⑥船舶搁浅后曾采取的措施、收到的效果和对救助工作的建议。

⑦船位、舷边水深和当地的潮汐情况等。

第三节　船舶火灾的应急措施

船舶火灾是指船舶在航行、停泊、作业过程中，因自然的或人为的因素致使船舶、船上物品失火或爆炸，造成损害的事故，包括火灾引起的爆炸和爆炸引起的火灾。

一、船舶火灾的特点

①船舶结构复杂，灭火作业较为特殊和困难。

②货舱内发生火灾时，火势蔓延较快，较难控制。

③机舱是最易发生火灾的场所之一。

④起居场所所用材料大多具有可燃性，易蔓延。

⑤封闭窒息法灭火后，不要急于开舱或通风，以免死灰复燃。

⑥灌水灭火时，应注意船舶稳性的变化。

二、发生火灾后的应急措施

①立即发出消防警报，全船立即进入应急消防部署。

②查明火源、火灾性质、燃烧范围及火势，确定灭火方案。

③根据火源地点，操纵船舶使其处于下风侧。但应避免急剧转向，并尽可能降低航速，以免风助火势。

④危险物有可能失火时，应采取灌水或抛入海中等措施。

⑤采取下列的灭火措施

a. 立即切断通往火场的电路与油路。

b. 确定火区内无人后，关闭火灾舱室的所有门窗、通风设备，以隔绝空气流通。

c. 选择合适的灭火器灭火。

d. 迅速隔离火场附近的易燃品，并应对隔舱壁喷水降温。

⑥在自力灭火无效或无法有效控制火势时，应请求外援。若无外援，应决策抢滩或弃船。

⑦迅速向附近的港口主管机关和船舶所有人报告事故。

⑧如在系泊中发生火灾或爆炸，并涉及港口安全时，应尽快离开泊位，确保港口安全。

第四节　船舶失控的应急措施

一、船舶失控的特点及后果

船舶失控是指船舶自身由于某种异常情况，导致主动力、电力、操舵等系统故障，驾驶人员不能按其意图操作和控制船舶的运动状态。

船舶失控通常具有无法保持或改变运动状态的特点。如果应急处置不当，可能产生严重的后果，如碰撞、触碰、搁浅事故；人员伤亡；火灾、爆炸、沉没以及燃油、货油、有毒物质等污染物溢漏。

二、船舶失控后的应变措施

当船舶失控后，应根据失控的具体情况采取有效的应急措施：

①如果是主机或舵机故障，应根据当时所处的航行环境，运用良好的船艺采取最有效的行动，尽量避免船舶碰撞或搁浅的发生。

②如果碰撞不可避免，应采取措施减小碰撞的损失，如紧急倒车或抛锚刹减船速，从而减小碰撞的动能、避免船中或机舱附近被他船船首撞入等。

③如果搁浅不可避免，切勿惊慌失措，应设法采取诸如减轻搁浅程度防止船体损伤扩大、及时倒车或抛锚减小船的冲力、尽量避开礁石、宁使船首受损也要保护好舵和推进器的措施。

第五节　海上搜寻与救助

一、搜救行动的协调与实施

在国际海事组织海上安全委员会（MSC）的全球搜救计划中，将全球海区划分为13个海上搜救责任区（Search and Rescue Region，SRR），每个搜救责任区指定一个沿海国政府作为救助协调中心（Rescue Co-ordination Center，RCC）。该救助协调中心负责搜集海上紧急信息，建立通信联络，提供搜救服务，并协调同一海区内各国政府之间和相邻海区之间的搜救服务。搜救责任区内的各沿海国应设立自己的救助协调中心，并在本国沿海各分管水区设立救助分中心（Rescue Sub-Center，RSC）。

1. 海上搜救中现场指挥的协调

救助协调中心、救助分中心收到遇险信号后，应立即派出专业搜救船舶或飞机，或应招事发现场附近的船舶参与搜救行动。当两个或多个搜救设施共同参与一个搜救任务时，由指定的现场协调人（On-Scene Commander，OSC）来协调搜救行动，其他参与搜救的设施则按现场协调人的指示参加搜救活动。现场协调人是参加搜救的一个救助单位、船舶或航空器的负责人；或第一艘抵达现场的设施负责人。海面搜寻协调船的识别信号是：白天悬挂国际信号旗—FR‖；夜间则定常显示预定的识别标志。

2. 船舶实施救助应考虑的一般事项

针对水里的幸存人员，救助船可能有必要：

①系好攀网、撇缆、绳梯等便于落水人员攀爬的设施。

②指定若干船员使用适当装备下水中救援幸存人员。

③释放救生艇或救生筏。

④在船舷系靠一救生筏或救生艇，作为登船站。

⑤恶劣天气时，应考虑使用镇浪油来减小海浪的影响。经验表明，植物油和动物油（包括鱼油）最适合于镇浪；除非无其他方法，否则不得使用燃油，这是因为燃油对水中人员有害；滑油危害性较小，可以使用滑油。试验表明，船舶慢速前进中用橡胶皮龙慢慢向海面释放 200 L 滑油，可以在 5 000m² 左右海面镇浪。

⑥做好准备，提供初步的医疗处置。

二、救助落水者的操船

①发现有人落水后，立即高声呼叫"左（右）舷有人落水"，投下就近的救生圈、自发烟雾信号。夜间应抛下带自亮浮灯的救生圈。

②驾驶员听到呼叫后，立即停车，并向落水者一舷操满舵，使船尾向相反一舷甩开，以免落水者被螺旋桨所伤。

③派专人登高守望落水者，并不断报告其方位。

④发出人员落水警报，展开人员落水应急部署。

⑤备车并采取适合当时情况的操纵方法接近落水者。

⑥放救生艇救助。

三、直升机支援救助时船舶应采取的措施

①采取措施与直升机保持通信联络。

②选择适合直升机起落的场所，并标示醒目的白色或橘红色"H"字样。

③在直升机接近船舶上空前，尽量消除有关障碍物。夜间，对船上障碍物如桅杆等应尽可能加以照明。

④为使直升机驾驶员在空中能较好地识别船舶和风向，应挂妥船旗和三角旗。

⑤直升机接近船舶时，船长应操纵船舶斜向迎风；直升机从船尾部飞近时，船舶应保持左舷30°受风，并保向保速；如人员起吊场所在船尾以外的其他场所时，则应保持右舷30°受风，以便直升机接近并进行救助。

⑥直升机吊索的长度一般不超过15m，并常常带有静电，抓扶前应使其放电。

四、搜寻计划

1. 确定搜寻基点

确定搜寻基点时应该考虑的因素：

①遇险船遇险的船位和时间。

②救助船从收到呼救信号至到达现场的时间间隔。

③救助船到达之前的时间内，遇险船或救生艇、筏的漂移方向和距离。

④救助船驶抵现场前，飞达现场的 SAR 飞机所作的情况估计。

⑤D/F 观测数据及其他发现物提供的信息。

2. 初始搜寻阶段的最可能存在的区域

初始搜寻阶段，遇险者最可能存在的区域是以搜寻基点为中心，以 10n mile 为半径画圆后，沿漂移距离方向作该圆的外切正方形区域，如图 8-1 所示。

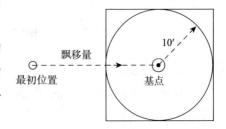

图 8-1　搜寻区域示意图

五、搜寻模式及其实施

1. 扩展方形搜寻

适用于单船搜寻，如图 8-2 所示。

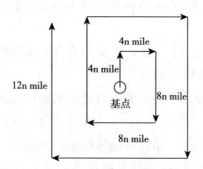

图 8-2　扩展方形搜寻示意图

2. 扇形搜寻

适用于单船搜寻，如图 8-3 所示。

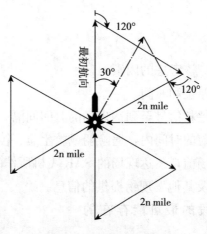

图 8-3　扇形搜寻示意图

3. 平行搜寻

有两艘或两艘以上的船舶参与搜寻时，可采用平行搜寻，如图 8-4 所示。

4. 海空协同搜寻

适用于航空器和船舶协作搜寻，如图 8-5 所示。

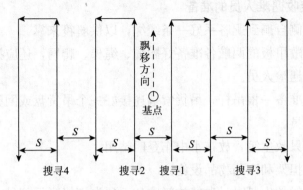

图 8-4 平行搜寻示意图

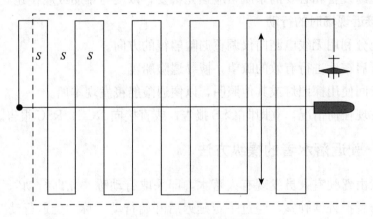

图 8-5 海空协同搜寻示意图

六、救助措施

救助船收到来自遇险船或 RCC 或 RSC 或 CSS 或其他船舶转发的遇险信号后，应采取下列行动：

1. 应立即采取的行动

①回答并转发遇险信号；

②用无线电测向仪测定遇险船的方位，并继续保持收听；

③将本船的船名、船位、航速、预计到达时间、本船与遇险船的方位通报给遇险船；

④继续在 500kHz、2182kHz、156.8MHZ（VHF16 频道）等遇险通信频率保持不间断地收听；

⑤用视觉、听觉及其他一切有效手段保持正规瞭望。

2. 做好接收遇难人员的准备

①船舷两侧自艏到艉各系好一条缆绳，以供艇筏来靠。

②最低开敞甲板的两舷各准备好撇缆、绳梯、爬网，还应指定有关船员准备下水救助遇险人员。

③两舷各准备一根吊杆，吊货索端连接好一个吊货盘或网兜，以便从水中救起遇难人员。

④准备一只救生筏，放在水中作登船站用。

⑤准备好担架和医药物品设施。

⑥使用本船救生艇时，做好放艇准备，预先订好联系信号。

⑦抛绳设备和必要的系艇索应预先备妥，以便与难船或艇筏建立联系。

3. 接近现场时的行动

①充分利用无线电测向仪调整遇险船筏的方向。

②开启雷达进行有效的瞭望，搜寻遇险船筏。

③夜间使用探照灯或其他照明，以便遇险船筏发现本船。

④发现任何情况，立即向 CSS 报告，或直接向 RCC、RSC 报告。

七、驶近落水者的操纵方法

一般由驾驶室人员发现有人落水，即采取行动称"立即行动"。人员落水由目击者报告驾驶室，经过一定延迟后开始行动，称"延迟行动"。发现人员失踪后再报告驾驶室采取行动，称"人员失踪"。

由于落水者情况和外界环境的不同，驶近落水者应采用不同的操纵方法。

1. 单旋回（single turn）

如图 8-6 所示。

（1）操纵方法 ①停车，向落水者一舷操满舵；②落水者过船尾后，进车加速；③当船首转至距落水者尚剩 20°舷角时，正舵、减速，适时停车（必要时可倒车），利用惯性转至落水者上风侧，把定，接近落水者；④在落水者难以视认时，应在船首向转过 250°时，正舵，一边减速一边搜寻落水者，发现后立即停车驶向落水者上风侧。

（2）适用范围 单旋回操船方法最适用于"立即行动"，是船舶接近刚落水人员的最快、最有效的操纵方法。但是，不适用于"延迟行动"和"人员失踪"。

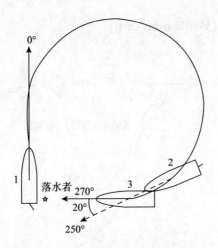

图 8-6 单旋回驶近落水者操纵方法

2. 双半旋回（double turn）

如图 8-7 所示。

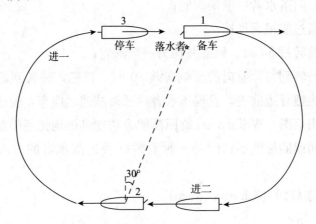

图 8-7 双半旋回驶近落水者操纵方法

（1）操纵方法

①停车，向落水者一舷操满舵；

②落水者过船尾后，进车加速；

③回转 180°后，把定，边盯住落水者边前行；

④航行至落水者方位达正横后 30°处再向落水者一舷操满舵回转 180°，适时减速、停车接近落水者上风侧。

（2）适用范围 双半旋回操船方法操纵方便，适用于"立即行动"，较适用于"延迟行动"，不适用于"人员失踪"。

3. 威廉逊旋回（Williamson turn）

如图 8-8 所示。

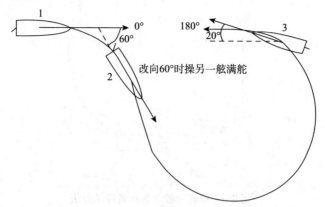

改向60°时操另一舷满舵

图 8-8　Williamson 旋回驶近落水者操纵方法

（1）操纵方法

①停车，向落水者一舷操满舵；

②落水者过船尾后加速；

③当船首转过 60°时，回舵并操另一舷满舵；

④当船首转到与原航向的反航向差 20°时，正舵，待转到原航向的反航向时把定，边搜寻边前进，发现落水者后适时减速、停车，驶近落水者。

（2）适用范围　Williamson 旋回操船方法能准确地把船舶驶至落水者的位置，在夜间或能见度不良时是一种有效的接近落水者的方法，最适用于"延迟行动"。

4. 斯恰诺旋回（Scharnow turn）

如图 8-9 所示。

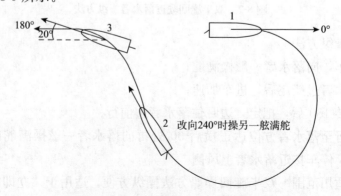

改向240°时操另一舷满舵

图 8-9　Scharnow 旋回驶近落水者操纵方法

（1）**操纵方法**　①向任一舷操满舵；②当船首转过240°时，改操另一舷满舵；③当船首转到与原航向的反航向差20°时，正舵，待转到原航向的反航向时把定，边航行边搜索落水者。

（2）**适用范围**　Scharnow旋回操船方法能在最省时间的情况下，使船舶驶返原航迹，适用于"人员失踪"，不适用于"立即行动"和"延迟行动"。

与Williamson旋回相比，Scharnow旋回可以节省1～2n mile航程，如图8-10所示。

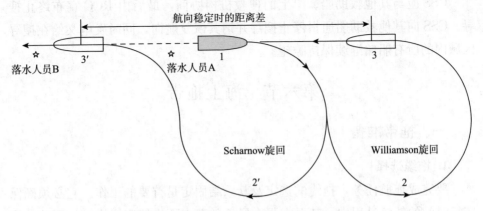

图8-10　Williamson旋回与Scharnow旋回比较

4种驶近落水者操船方法的适用情况比较见表8-1。

表8-1　四种驶近落水者操船方法的适用情况比较

操船方法	立即行动	延迟行动	人员失踪
单旋回	适用	不适用	不适用
双半旋回	适用	较适用	不适用
Williamson旋回	适用（但耗时长）	最适用	适用（但耗时长）
Scharnow旋回	不适用	不适用	适用

八、搜寻终止

1. 搜寻行动完成

当搜寻成功、救助活动全部完成时，CSS在向全部船舶通报搜寻终止的同时，应向 RSC 或 RCC 报告搜寻终止，以及有关收容生存者、是否需要医疗援助等情况。

2. 搜寻不成功

决定停止搜寻时应认真考虑：

①生存者存在于搜寻区域内的可能性；

②在已搜寻的区域内若搜寻目标万一存在，可以发现该目标的可能性；

③搜寻船舶和飞机能在现场滞留的时间；

④生存者在当时的气温、水温等实际条件下得以生存的可能性。

CSS 应与其他救助船、岸上的搜救机构协商，最后由 RCC 宣布终止搜寻。CSS 向其他救助船通报停止搜寻并请其恢复航向，同时发电文给在搜寻区域内的所有船舶继续保持瞭望。

第六节　海上拖带

一、拖带准备

1. 拖缆选择

要完成拖航任务，拖缆的选定及其系结固定是首要的工作。它必须确保在长时间的航海过程中，甚至在强大风浪的袭击下也能安全拖航。因此，要求拖缆的强度必须足够，在风浪中发挥控制船体运动的作用。

拖带时所用的拖缆，应选用强度大而柔软的钢丝缆。为了增加拖缆的伸缩性，一般采用钢丝缆与锚链相连接的方式，组成组合拖缆。

拖缆的长度，应根据拖船与被拖船的大小、拖带航速、海况、水深及拖缆的种类等来确定。渔船在拖带船舶时拖缆的长度一般在 200m 左右。拖缆长度 S（m）可以按下述经验公式估算：

$$S = k(L_1 + L_2)$$

式中　k——系数，取 1.5～2.0，拖速高时取大值；

　　　L_1——拖船长度（m）；

　　　L_2——被拖船长度（m）。

2. 拖缆的传递

①使用抛绳设备；

②使用救生艇；

③使用浮具。

3. 拖缆系结

拖缆的系结要求牢靠，受力分散及便于松绞，以便调整拖缆与导缆孔的摩擦部位。为了分散受力，可把拖缆围绕舱口、甲板室围壁或桅柱等，然后再绕到缆桩上。

凡拖缆易被摩擦的部位要用帆布、麻布袋包扎并加上牛油，减少摩擦，在转角处加上木垫，以减少急折。

二、拖带中的船舶操纵

1. 起拖和加速

当拖缆系妥后，就可起拖。拖船用微速前进，待拖缆刚受力，马上停车，在拖缆松弛下垂后再微速前进。如此反复，直到被拖船的前进速度达 2 节时，再以半节速度增加，直至达到预定拖速。

2. 转向

应避免一次转向 20°以上，需要大角度转向时，应分几次完成，最好每次转 5°～10°。一次转向后，要等被拖船改到新航向后，再进行下一次转向。

3. 被拖船偏荡的抑制

被拖船在被拖航中，由于各种原因会产生偏荡。偏荡的出现增大了拖缆的受力，加剧了拖缆的磨损和应力集中，增加了拖带操纵的难度，降低了拖带速度；偏荡严重时，甚至无法进行拖带航行或者造成断缆。

拖带中被拖船的偏荡可用下列方法进行抑制：

①调整被拖船的艏艉吃水，使其成艉倾状态，以增加其航向稳定性；

②降低拖带速度，减小偏荡力；

③适当缩短拖缆长度，改变拖力点的位置；

④在拖缆的两头增加抑制索；

⑤在偏荡不太剧烈时，被拖船操一固定舵角（小于 20°），以便稳定在航迹的一侧；

⑥在被拖船的艉部拖曳一漂浮物，可起到稳定其航向的作用。

4. 调整拖缆长度

在拖带过程中，为使拖船与被拖船在波浪中的位置同步，应调整拖缆的长度。在浅水域和狭水道航行时，则应适当缩短拖缆，这样便于操纵及防止拖缆拖底，如图 8-11 所示。

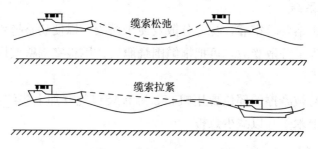

图 8-11　风浪中两船不同步

5. 大风浪拖航

设计航线时，应避开大风浪海区。一旦遇到大风浪，则应滞航，若风浪继续增大，则应该果断解拖漂滞。

6. 减速与停拖

减速应逐级进行，并逐渐收短拖缆，被拖船则应做好抛锚准备，以防不测。

7. 解拖

如需要解拖，则应在两船都已停航后进行。

1. 船舶发生碰撞后的应急措施有哪些？

2. 船舶发生碰撞后符合哪些条件时可续航？

3. 船舶碰撞后选择抢滩时应考虑哪些因素？

4. 试述船舶搁浅或触礁后应如何应急部署？

5. 船舶脱浅的方法有哪些？

6. 搁浅后为避免情况继续恶化，应采取何种具体措施确保船体安全？

7. 船舶火灾具有什么特点？

8. 船舶发生火灾后应采取哪些灭火措施？

9. 船舶失控如果应急处置不当可能会导致哪些后果？

10. 船舶失控后应如何部署？

11. 发现有人落水，应如何操纵船舶？

12. 绘图说明搜寻落水者的方法和适用时机？

13. 进行搜寻时，搜寻区域怎么规定？

14. 海上搜寻模式有哪些？

15. 船舶驶近落水者有哪些操纵方法？

16. 救助船收到遇险信号后，应采取哪些具体行动？

17. 船舶实施救助应考虑的一般事项有哪些？

18. 船舶进行海上拖带应如何准备？

19. 海上拖带中的船舶操纵方法有哪些？

20. 拖带中被拖船的偏荡可用哪些方法进行抑制？

参 考 文 献

中华人民共和国渔业船舶检验局，2015. 钢质海洋渔船建造规范（2015）［M］. 北京：人民交通出版社股份有限公司.

中华人民共和国渔业船舶检验局，2015. 渔业船舶法定检验规则（远洋渔船 2015）［M］. 北京：人民交通出版社股份有限公司.

杜春政，1996. 船艺［M］. 北京：中国农业出版社.

杜嘉立，2016. 船舶原理［M］. 大连：大连海事大学出版社.

古文贤，1993. 船舶操纵［M］. 大连：大连海运学院出版社.

洪碧光，2008. 船舶操纵［M］. 大连：大连海事大学出版社.

胡永生，刘夕明，2008. 渔船驾驶技术［M］. 北京：中国农业出版社.

贾复，1996. 船舶原理与渔船结构［M］. 北京：中国农业出版社.

陆志材，2000. 船舶操纵［M］. 大连：大连海事大学出版社.

孙琦，2008. 船舶操纵［M］. 大连：大连海事大学出版社.

徐邦祯，王建平，田百军，2001. 海上货物运输［M］. 大连：大连海事大学出版社.

赵月林，2000. 船舶操纵［M］. 大连：大连海事大学出版社.